Fabio de Oliveira Lima

UM MODELO EFICIENTE PARA O PROJETO COMPLETO DE REDES ÓPTICAS

Dissertação apresentada ao Programa de Pós-Graduação em Engenharia Elétrica do Centro Tecnológico da Universidade Federal do Espírito Santo, como requisito parcial para obtenção do Grau de Mestre em Engenharia Elétrica.

Orientador:
Prof. Dr. Elias Silva de Oliveira

Co-orientador:
Prof. Dr. Renato Tannure Rotta Almeida

PROGRAMA DE PÓS-GRADUAÇÃO EM ENGENHARIA ELÉTRICA
CENTRO TECNOLOGICO
UNIVERSIDADE FEDERAL DO ESPÍRITO SANTO

Vitória – ES
26 de setembro de 2018

Dados Internacionais de Catalogação-na-publicação (CIP)
(Biblioteca Central da Universidade Federal do Espírito Santo, ES, Brasil)

        Lima, Fabio de Oliveira, 1979-
L732m   Um modelo eficiente para o projeto completo de redes ópticas / Fabio de Oliveira Lima. – 2010.
        108 f. : il.

        Orientador: Elias Silva de Oliveira.
        Co-Orientador: Renato Tannure Rotta de Almeida.
        Dissertação (mestrado) – Universidade Federal do Espírito Santo, Centro Tecnológico.

        1. Redes ópticas. I. Oliveira, Elias Silva de, 1963-. II. Almeida, Renato Tannure Rotta de, 1974-. III. Universidade Federal do Espírito Santo. Centro Tecnológico. IV. Título.

                                                      CDU: 621.3

" ... Quando o canto adormeceu a besta,
adormeceu também meu estro,
que agora ressurge;
Talvez, por nunca tê-lo visto sobre esta luz,
não reconheça este ser que canta,
ao invés de empunhar palavras como facas."
O Autor

Sumário

Resumo

Abstract

1 Introdução   9
    1.1 Roteamento de Tráfego por Comprimentos de Onda 10
       1.1.1   Equipamentos Ópticos 11
       1.1.2   Redes Ópticas Semitransparentes 13
    1.2 Etapas do projeto de uma WRON 16
       1.2.1   Projeto da Topologia Lógica 17
       1.2.2   Roteamento e Alocação de Comprimentos de Onda 19
    1.3 Trabalhos Anteriores 21
    1.4 Projeto Completo de uma WRON Semitransparente 23
       1.4.1   Nova Modelagem para Projeto Completo de uma WRON 24
       1.4.2   Novo Limite Inferior para o Congestionamento 26

2 TWA - Modelo para o Projeto Completo de uma WRON   27
    2.1 Dados de Entrada e Variáveis 27
       2.1.1   Componentes Topológicos 28
       2.1.2   Fração de Fluxo das Demandas de Tráfego 30
       2.1.3   Topologia Física 31
    2.2 Custo de Instalação e Operação 31
    2.3 O Modelo TWA 32

	2.3.1	Planos Lógicos	34
	2.3.2	Continuidade de Comprimentos de Onda e Capacidade	35
	2.3.3	Controle da Topologia Física	36
	2.3.4	Conservação de Fluxo	37
2.4	Limitações da Forma Básica do TWA	38

3 Extensões ao Modelo Básico   42

3.1	Topologia Física	42
3.2	Grau Lógico e Multiplicidade de Ligações Lógicas	43
3.3	Minimização do Congestionamento	46
	3.3.1 Mantendo a Multiplicidade de Ligações Lógicas	46
	3.3.2 Perdendo Multiplicidade de Ligações Lógicas	49
3.4	Máximo de Rotas em cada Ligação Física	50
3.5	Número de Saltos Físicos	51
3.6	Minimização do Número de Comprimentos de Onda	51
	3.6.1 Topologia Física Fixa	53
3.7	Conversão entre Comprimentos de Onda	53

4 Limites Inferiores   59

4.1	MTB - Limite Inferior para o Congestionamento	59
4.2	Limite Inferior para o Tráfego Retransmitido	63

5 Experimentos Computacionais   69

5.1	O Modelo AW	70
	5.1.1 Comparação entre os Modelos AW e TWA	72
	5.1.2 Metodologia Baseada no Modelo AW	74
5.2	Comparação de Resultados com o modelo AW	76
5.3	O Modelo KS	83

  5.3.1 Comparação entre os Modelos KS-p e TWA 85

  5.3.2 Metodologia Baseada no Modelo KS-p 87

 5.4 Comparação de Resultados com o modelo KS 89

6 Conclusões   97

 6.1 Características do Modelo 97

 6.2 Resultados Computacionais 98

 6.3 Trabalhos Futuros 99

Referências Bibliográficas   **101**

Publicações   **103**

 Artigos completos publicados em periódicos 103

 Trabalhos completos publicados em anais de congressos 103

 Resumos publicados em anais de congressos 104

Ferramentas Computacionais   **105**

Agradecimentos   **106**

Resumo

Este trabalho apresenta um novo modelo de programação linear inteira-mista para o projeto de redes ópticas de comunicação. Trata-se de uma modelagem ampla, que engloba o projeto das topologias lógica e física da rede, o roteamento das demandas de tráfego, além do roteamento e alocação de comprimento de onda. A formulação suporta múltiplas ligações entre cada par de nós da rede, seja na topologia física ou lógica. Em sua versão básica, o modelo minimiza os custos de instalação da rede física e o custo de operação da rede projetada. No entanto, sua formulação permite que sejam exploradas diversas métricas, como o congestionamento da rede, que foi utilizado para comparação com resultados da literatura. Neste trabalho são apresentados resultados de experimentos com o objetivo de validar a eficiência desta formulação com relação à qualidade das soluções e desempenho computacional de trabalhos anteriores sobre o mesmo assunto. Também é apresentada uma nova forma de se obter limites inferiores para o congestionamento, com custo computacional muito pequeno, cuja eficiência contrasta com as opções encontradas na literatura.

Abstract

This dissertation presents a new mixed integer linear programming model for the design of optical communication networks. This is a extensive modeling, which includes the design of logical and physical topology, routing of traffic demands, in addition to routing and wavelength assignment. The formulation supports multiple connections between each pair of network nodes, whether in the physical or logic topology. In its basic version, the model minimizes installation cost of the physical network and the operating cost of the network designed. However, its formulation allows explore various metrics such as network congestion, which was used for comparison with literature. This work presents results of experiments in order to validate the efficiency of this formulation with respect to quality of solutions and computational performance of previous work on the same subject. Also presented is a new way to obtain lower bounds on congestion, with minor computational cost, whose efficiency contrasts with the alternate MILP formulations found in literature.

1 Introdução

A expansão do uso de redes de fibras ópticas, devido à sua extrema eficiência no transporte de dados em altas taxas de transmissão, motiva o estudo de projetos de operação das mesmas. Uma rede de comunicação é dita óptica quando o meio físico, usado para a transmissão das informações entre os nós da rede, é composto por cabos de fibra óptica.

Cada par de nós pode ser interconectado por mais de um cabo, possivelmente em trajetos distintos. E cada cabo pode conter várias fibras ópticas, tipicamente em pares. Cada fibra pode ser utilizada em ambas as direções, mas normalmente os equipamentos empregados na implementação das redes suportam tráfego em um sentido apenas (MUKHERJEE, 2006). Deste modo, a unidade elementar da estrutura física é modelada como uma única fibra óptica orientada em um determinado sentido, denominada de ligação física. O conjunto das ligações físicas da rede é chamado de topologia física.

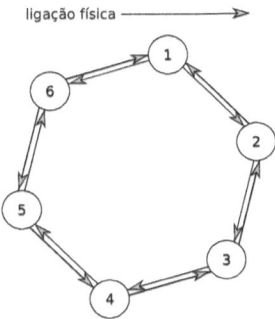

Figura 1.1: Exemplo de uma topologia física para uma rede de 6 nós

O projeto e planejamento de redes é realizado através de métodos distintos de acordo com o tipo de tráfego considerado, especificamente com relação à natureza; se é estática ou dinâmica. No caso de tráfego estático, nosso foco de estudo, é assumido *a priori* uma determinada matriz de demanda de tráfego, representando a quantidade média de tráfego que deve ser transferido entre os pares de nós da rede. Considera-se essas demandas como sendo fixas para fins de planejamento, podendo basear-se em levantamentos históricos ou mesmo estudos estimativos (MUKHERJEE et al., 1996).

A Figura 1.1 apresenta um exemplo para uma topologia física, onde os nós da rede estão conectados por pares de ligações físicas em sentidos contrários. Todavia, dependendo da matriz de demandas, nem todas as ligações físicas disponíveis precisarão ser usadas.

Neste contexto, o desenvolvimento da tecnologia WDM *(Wavelength Division Multiplexing)*, permitiu que vários canais independentes compartilhem a mesma fibra óptica, proporcionando um melhor aproveitamento da banda de transmissão disponível nas fibras. Multiplicando a capacidade das ligações físicas das redes, esses canais são transmitidos em diferentes comprimentos de onda (MUKHERJEE, 2006). A quantidade de comprimentos de onda que podem ser multiplexados em uma ligação física depende do tipo de cabo de fibra óptica empregado (XIN; ROUSKAS; PERROS, 2003).

1.1 Roteamento de Tráfego por Comprimentos de Onda

A tecnologia de multiplexação por comprimento de onda, além de possibilitar a transmissão de vários sinais pelo mesmo meio, permite a implementação de redes com roteamento de tráfego por comprimentos de onda (WRON - *Wavelength Routed Optical Networks*) (BANERJEE; MUKHERJEE, 2000). As vantagens desse tipo de rede decorrem de sua infra-estrutura flexível, com elevada capacidade e confiabilidade na transmissão de dados.

Esta arquitetura se utiliza de dispositivos ópticos que permitem o roteamento transparente de tráfego, onde a informação pode ser roteada pelo meio óptico, sem passar para o domínio eletrônico, nos pontos intermediários entre a origem e o destino de uma demanda de tráfego. Temos assim uma camada acima da configuração física da rede, pois um caminho óptico transparente pode ser definido de várias formas sobre a rede. Esta é uma camada servidora, que proverá acesso à rede às camadas clientes que, por sua vez, enxergarão apenas essas ligações transparentes. Portanto há uma camada eletrônica, formada por roteadores eletrônicos de pacotes de dados, interconectados por canais ópticos transparentes, e uma camada óptica, onde o roteamento do tráfego pela rede física é realizado por dispositivos ópticos WDM (BANERJEE; MUKHERJEE, 2000).

Os canais ópticos transparentes, por onde trafegam as demandas de tráfego, são chamados de ligações lógicas. A topologia lógica da rede é assim formada pelo conjunto das ligações lógicas que, bem como a topologia física, é um grafo direcionado (CORMEN et al., 2002). Ela abstrai a estrutura física da rede, pois pode ter uma estrutura totalmente diferente, e faz a ligação entre a camada eletrônica e a óptica.

Na Figura 1.2 temos o exemplo de uma topologia lógica para a rede óptica de 6 nós, ilustrada na Figura 1.1. As ligações lógicas definidas devem ser configuradas nos dispositivos ópticos WDM, criando os canais ópticos transparentes. Nesta figura vê-se três configurações distintas para os nós. O nó 1 tem apenas ligações lógicas iniciando nele, mas nenhuma incidindo. Portanto, sobre esta topologia lógica, ele pode apenas originar tráfego para o demais nós da rede, mas não pode receber. Os nós 5 e 6 estão na situação inversa, podendo apenas receber tráfego através desta topologia lógica. Por sua vez, os nós 3 e 4 possuem ligações lógicas chegando e saindo, portanto, podem tanto receber quando originar tráfego. Além disso, por exemplo, o nó 4 poderia retransmitir tráfego originado em 1 com destino ao nó 6. Por fim, temos a situação do nó 2, que não possui ligações lógicas incidentes ou originadas. Nesta topologia lógica ele não é origem e nem destino de tráfego, todavia ainda pode ser usado como passagem pelos canais ópticos transparentes.

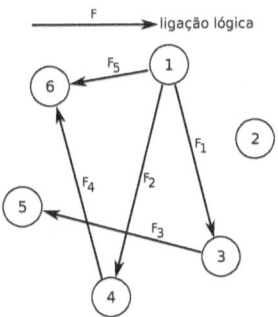

Figura 1.2: Exemplo de uma topologia lógica para uma rede de 6 nos.

O que caracterizou as WRON como uma nova geração de redes ópticas foi a possibilidade de se implementar uma topologia lógica totalmente reconfigurável sobre a estrutura física da rede. A topologia lógica é configurada nos dispositivos ópticos de comutação de comprimentos de onda, e pode ser modificada em função da sazonalidade das demandas de tráfego, bem como da necessidade de restauração em caso de falhas.

1.1.1 Equipamentos Ópticos

O roteamento de tráfego em uma WRON é realizado de duas formas: na camada óptica da rede, que se denomina roteamento transparente, e na camada eletrônica, após sua conversão de sinal óptico para elétrico para processamento em roteadores de pacotes de dados. No roteamento transparente, os comprimentos de onda podem ser redirecionados nos dispositivos de comutação óptica, com a vantagem da ausência do atraso em filas originado pelo congestionamento em roteadores eletrônicos. Este congestionamento está diretamente associado à limitações na qualidade de serviço em redes de comunicações, pois origina atraso e eventuais descartes de pacotes que, sobretudo para as emergentes aplicações em tempo real, devem ser minimizados (BANERJEE; MUKHERJEE, 2000).

Em uma WRON, para permitir conexões transparentes, os nós da rede precisarão ser equipados com dispositivos ópticos WDM capazes de realizar roteamento de tráfego por comprimentos de onda. Dois tipos mais comuns de equipamentos utilizados são o OADM (*Optical Add-Drop Multiplexer*) e o OXC (*Optical Cross-Connect*). O OADM é um equipamento mais simples e de menor custo em comparação com o OXC (XIN; ROUSKAS; PERROS, 2003). Os múltiplos comprimentos de onda são combinados em um único sinal óptico por um multiplexador WDM (*Mux*) na saída dos dispositivos ópticos WDM, e da mesma forma são separados na entrada por um demultiplexador WDM (*Demux*).

Na Figura 1.3 temos um modelo para a arquitetura de um OADM. Nele, uma ligação física de entrada é direcionada à uma ligação física de saída, sem conversão eletrônica, podendo ter um ou mais comprimentos de onda desviados para o roteador eletrônico (*Drop*). Neste ponto há conversão eletrônica. O tráfego que não se destina ao nó atual, mais o tráfego que nele se origina, são convertidos para o meio óptico e reencaminhados para uma ligação física de saída (*Add*) em um dos comprimentos de onda que foram desviados (XIN; ROUSKAS; PERROS, 2003).

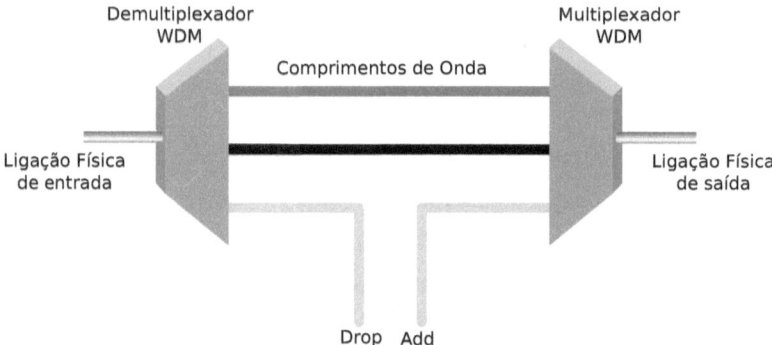

Figura 1.3: Modelo da arquitetura de um OADM.

A limitação deste equipamento é que todos os comprimentos de onda, em uma ligação física de entrada que são destinados transparentemente, são direcionados a uma mesma ligação física de saída. Essa limitação é superada com um OXC, capaz de rotear os comprimentos de onda livremente. Na Figura 1.4 temos um modelo para a arquitetura de um OXC. Neste, para cada comprimento de onda, temos uma matriz de comutação óptica que recebe determinado comprimento de onda de todas as ligações físicas de entrada. Que por sua vez, podem ser encaminhados para qualquer uma das ligações físicas de saída. Em um OXC as operações de desvio de tráfego para o roteador eletrônico, ou o caminho inverso, (*Drop/Add*) são feitas diretamente nas matrizes de comutação óptica (PALMIERI, 2008).

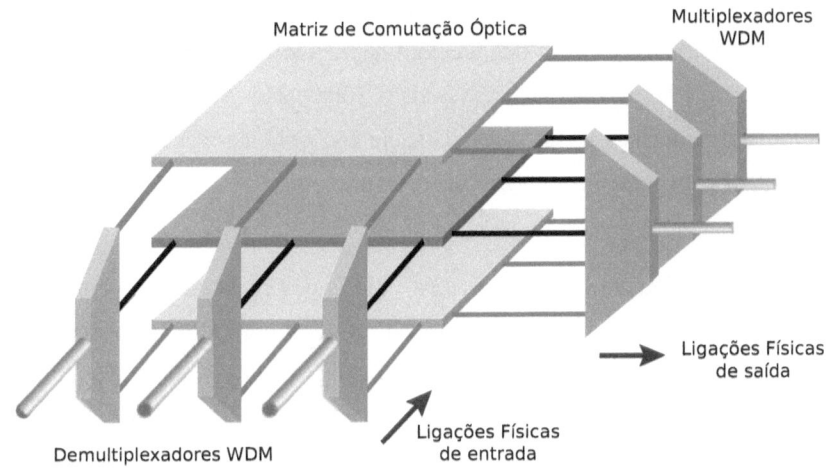

Figura 1.4: Modelo da arquitetura de um OXC.

O dimensionamento dos equipamentos dos nós depende do número de ligações lógicas entrando e saindo, do número de rotas transparentes passando pelo nó, do número de ligações físicas de entrada e saída e do número de comprimentos de onda que podem ser multiplexados em cada ligação física. Cada equipamento é capaz de suportar uma certa quantidade desses recursos, e essa capacidade não aumenta de forma linear. Dobrar a capacidade de um nó para certo recurso pode demandar um investimento várias vezes maior (XIN; ROUSKAS; PERROS, 2003).

1.1.2 Redes Ópticas Semitransparentes

Uma rede que possui rotas transparentes apenas entre nós diretamente conectados por enlaces de fibra óptica, é chamada de rede opaca, onde as ligações lógicas coincidem com as ligações físicas da rede (MUKHERJEE, 2006). Deste modo, dispositivos ópticos WDM para roteamento de comprimentos de onda não são utilizados. Todavia, esta configuração pode não ser a ideal para todos os perfis de demanda de tráfego da rede, pois uma demanda pode ter que percorrer várias ligações lógicas até seu destino, sofrendo conversão eletrônica em cada uma. A menos que todos os nós da rede estejam conectados diretamente entre si por ligações físicas em ambos os sentidos.

Se existe uma ligação transparente entre cada par de nós da rede, a rede é dita transparente. Neste caso, qualquer demanda de tráfego poderia ser transportada em um único salto pela topologia lógica, sendo processada eletronicamente somente no nó destino (RAMASWAMI; SIVA-

RAJAN; SASAKI, 2009). Mas, para configurar uma topologia de rede totalmente transparente, um grande investimento em equipamentos ópticos WDM se faz necessário. Além disso, há restrições severas relacionadas com degradações acumuladas e continuidade de comprimento de onda, entre outras (STERN; ELLINAS; BALA, 2008). Já é praticamente um consenso que uma rede totalmente transparente de longa distância não seria factível atualmente devido a uma série de dificuldades em compensar degradações na transmissão (RAMAMURTHY et al., 1999; ALI, 2001).

Atualmente, é amplamente aceito que uma rede óptica mais eficiente é uma combinação entre a rede opaca e a transparente. Este modelo de rede híbrida é comumente chamada de rede semitransparente (RAMASWAMI; SIVARAJAN; SASAKI, 2009). Algumas estratégias para o projeto de redes semitransparentes de longa distância foram propostas em artigos e livros como (ALI, 2001) e (RAMASWAMI; SIVARAJAN; SASAKI, 2009). Esta é uma solução intermediária que define ligações lógicas apenas entre pares de nós convenientes, resultando em uma topologia lógica parcialmente transparente. Usando redes ópticas semitransparentes, é possível alcançar uma performance muito próxima aos das redes opacas em termos de bloqueio de novas requisições, porém com grande economia nos custos, e menos complexidade do que uma rede completamente óptica. Em suma, redes semitransparentes oferecem o melhor dos domínios óptico e eletrônico sem comprometer as principais características de cada uma dessas tecnologias (STERN; ELLINAS; BALA, 2008).

A cada ligação lógica deverá ser atribuído um caminho na topologia física; seu canal óptico transparente, comumente chamado de rota física (ZANG; JUE; MUKHERJEE, 2000). Por sua vez, em cada ligação física deste caminho deverá ser alocado um comprimento de onda para esta ligação lógica. Se os nós da rede possuírem capacidade de conversão entre comprimentos de onda, às ligações físicas ao longo da rota física poderão ser atribuídos comprimentos de onde distintos (RAMASWAMI; SASAKI, 1998). Se esta hipótese não é considerada, todas as ligações físicas deverão utilizar o mesmo comprimento de onda ao longo da rota física. Esta limitação é conhecida como restrição de continuidade de comprimento de onda (ZANG; JUE; MUKHERJEE, 2000), e será a hipótese considerada neste trabalho.

No item a) da Figura 1.5 está um exemplo de rotas físicas e comprimentos de onda atribuídos às ligações lógicas do item b). Esse é o roteamento das ligação lógicas sobre a topologia física, requisitadas pelo projeto da topologia lógica, e a alocação de comprimentos de onda a cada rota (ZANG; JUE; MUKHERJEE, 2000).

Na Figura 1.5, no item c), estão representadas as ligações físicas que foram utilizadas para estabelecer a topologia lógica para a rede óptica de 6 nós, ilustrada na Figura 1.1. Observe

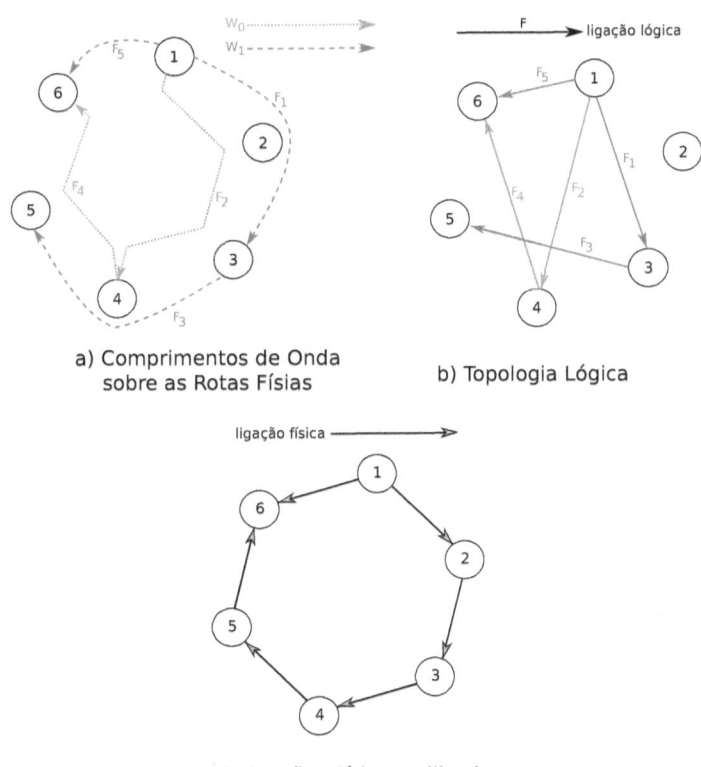

Figura 1.5: Rotas físicas e alocação de comprimentos de onda para as ligações lógicas.

que em alguns casos dois comprimento de onda compartilham a mesma ligação física. Isso ocorre graças a tecnologia WDM. Mas, como estamos considerando que cada fibra óptica pode ser utilizada em um sentido apenas, duas ou mais ligações lógicas só podem compartilhar uma mesma ligação física no mesmo sentido e utilizando comprimentos de onda diferentes(ZANG; JUE; MUKHERJEE, 2000).

Em redes semitransparentes, como não há ligações lógicas entre todos os pares de nós da rede, as demandas de tráfego podem precisar compor caminhos sobre a topologia lógica, utilizando mais de uma ligação lógica. Neste caso, haverá ainda conversão eletrônica nos nós intermediários, e o projeto da topologia lógica é quem deve cuidar de evitar que muito tráfego deve ser destinado para esses casos. Em geral, as demandas de tráfego podem ainda ser subdivididas e transportadas paralelamente por mais de uma caminho sobre a topologia lógica (RAMASWAMI; SIVARAJAN, 1996).

No item a) da Figura 1.6 está representada a distribuição da demanda de tráfego P_{16}, com origem no nó 1 e destinada ao nó 6, sobre a topologia lógica apresentada na Figura 1.2. Utilizando dois caminhos sobre a topologia lógica, a demanda de tráfego foi dividida em duas partes, uma contento 2/3 do tráfego original e outra com o 1/3 restante. A primeira parte foi designada à ligação lógica F_5, atingindo diretamente o destino, e a segunda parte foi roteada pela caminho formado pelas ligações lógicas F_2 e F_4. Pelo primeiro caminho o tráfego foi entregue transparentemente, e no segundo houve processamento eletrônico no nó intermediário 4.

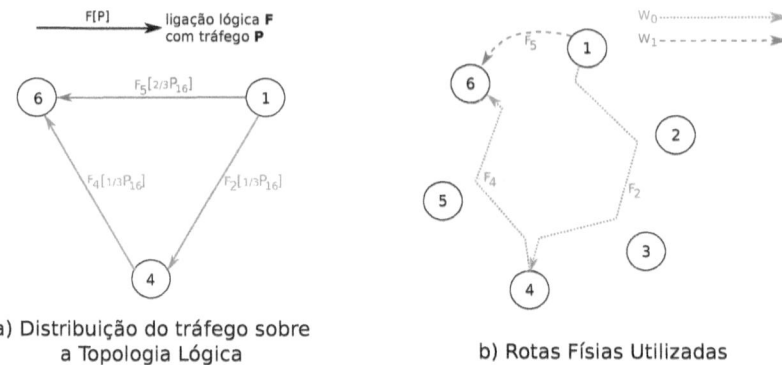

a) Distribuição do tráfego sobre a Topologia Lógica

b) Rotas Físias Utilizadas

Figura 1.6: Demanda de Tráfego P_{16} distribuída na Topologia Lógica

No item *b*) da Figura 1.6 estão representadas as rotas físicas e os comprimentos de onda utilizados na distribuição de tráfego da demanda P_{16}, de acordo com o esquema apresentado no item *a*) da Figura 1.5. Note que o tráfego passou também pelos nós 2, 3, e 5, mas de forma transparente, sem conversão eletrônica.

1.2 Etapas do projeto de uma WRON

O projeto de WRON deve levar em conta seus custos de implementação e operação, que podem ser colocados, resumidamente, em função dos recursos de transmissão requeridos na camada óptica e a capacidade de processamento e armazenamento dos roteadores eletrônicos (BANERJEE; MUKHERJEE, 2000). Para tanto, técnicas de otimização são largamente empregadas e as soluções propostas fazem uso de métodos exatos e heurísticas, separadamente ou em conjunto. Na literatura, o projeto completo de WRONs é dividido em quatro sub-problemas, que serão denominados: roteamento de tráfego (TR - *Traffic Routing*), projeto da topologia lógica (LTD - *Logical Topology Design*), roteamento de comprimentos de onda (WR - *Wavelength Routing*) e alocação de comprimentos de onda (WA - *Wavelength Assignment*) (RAMASWAMI; SIVARAJAN; SASAKI, 2009; STERN; ELLINAS; BALA, 2008).

Tradicionalmente, os sub-problemas LTD e TR são associados, bem como o WR e o WA, compondo respectivamente os conhecidos problemas de VTD (*Virtual Topology Design*) (RAMASWAMI; SIVARAJAN; SASAKI, 2009) e RWA (*Routing and Wavelength Assignment*)

1.2 Etapas do projeto de uma WRON

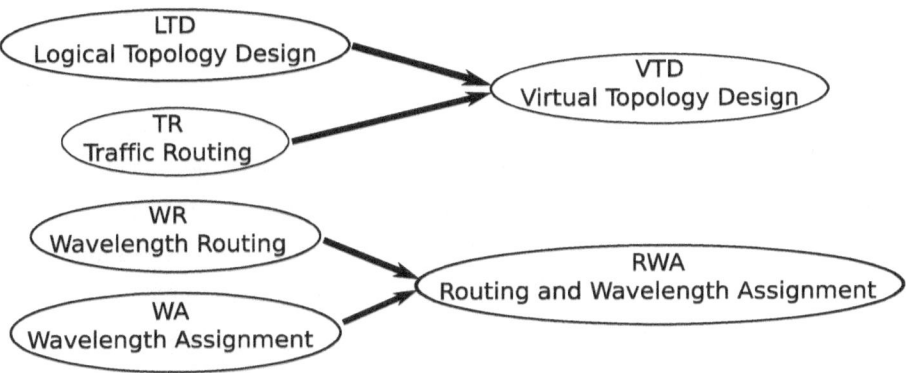

Figura 1.7: Quatro sub-problemas se fundem em VTD e RWA

(ZANG; JUE; MUKHERJEE, 2000). Isto está ilustrado na Figura 1.7. Mais recentemente, os sub-problemas de TR e WR vem também sendo associados nos trabalhos que abordam o problema de *grooming* de tráfego (RESENDO; RIBEIRO; CALMON, 2007), mas esta última abordagem está fora do foco de estudo neste trabalho.

1.2.1 Projeto da Topologia Lógica

O projeto da topologia lógica, VTD, que inclui a distribuição do tráfego e escolha da topologia lógica, é modelado na literatura como um problema de programação inteira mista (MILP - *Mixed Integer Linear Problem*) (RAMASWAMI; SIVARAJAN, 1996; STERN; ELLINAS; BALA, 2008, 2008). No entanto esses modelos se mostraram intratáveis mesmo para instâncias pequenas, com menos de 20 nós. Assim, heurísticas foram propostas para sua resolução (RAMASWAMI; SIVARAJAN, 1996).

Vale citar a clássica heurística HLDA (RAMASWAMI; SIVARAJAN, 1996), usada em muitos trabalhos na literatura, como (ASSIS; WALDMAN, 2004; SKORIN-KAPOV; KOS, 2005). Ela consiste de um algoritmo que cria ligações lógicas visando transportar as maiores demandas de tráfego em um único salto sobre a topologia lógica, evitando que grande parte do tráfego precise ser retransmitido por caminhos mais longos. Ela permite inclusive que múltiplas ligações lógicas sejam criadas entre um mesmo par de nós.

Essa abordagem visa distribuir o tráfego mais uniformemente sobre a topologia lógica e ao mesmo tempo evita retransmissão excessiva das demandas de tráfego. Ambos são fatores importantes no projeto da topologia lógica. A seguir, serão detalhados esses e outros aspectos dessa fase do projeto de uma WRON.

Escolha da Topologia Lógica

Quando se trata os sub-problemas separadamente, o primeiro passo é a escolha da topologia lógica, o LTD, todavia as principais métricas de interesse normalmente se encontram nas outras etapas. No LTD o objetivo mais comuns é obter uma topologia lógica que facilite a construção de melhores soluções nas etapas subsequentes, normalmente atendendo a uma estrutura topológica pré-definida (RAMASWAMI; SIVARAJAN, 1996). Quanto à estrutura topológica, ela pode ter uma forma determinada, como estrela, anel ou árvore (NETTO, 2006), ou uma forma mais geral, chamada malha (RAMASWAMI; SIVARAJAN, 1996). Há ainda a possibilidade de se formar uma estrutura hierárquica, com um *backbone* centralizador e *clusters* periféricos (LIU et al., 2007). Mas o foco neste trabalho será o caso mais geral, que são as topologias em malha.

Um fator importante no dimensionamento da rede é o número de ligações lógicas. Pois cada uma possui em seu início um transmissor óptico que converte o fluxo eletrônico em sinal óptico. Paralelamente, na finalização de uma ligação lógica há um receptor óptico que faz a conversão inversa. Como esses equipamentos existem aos pares, é comum referir-se apenas ao número de transceptores, que significa tanto receptores quanto transmissores (MUKHERJEE, 2006). Além dos transceptores, o número de ligações lógicas influencia fortemente no dimensionamento dos equipamentos ópticos WDM e nos roteadores eletrônicos (XIN; ROUSKAS; PERROS, 2003). De modo que, geralmente, é o número de ligações lógicas que define as instâncias do problema pois, sendo um fator decisivo no dimensionamento, ele é definido *a priori* e as técnicas de otimização são aplicadas à outras métricas (KRISHNASWAMY; SIVARAJAN, 2001; RAMASWAMI; SIVARAJAN, 1996).

O número de ligações lógicas partindo de um nó é chamado de grau lógico de saída, enquanto o número de ligações lógicas chegando em um nó é chamado de grau lógico de entrada (RAMASWAMI; SIVARAJAN, 1996). Quando é exigido que haja simetria entre esses valores, há apenas o que é chamado de grau lógico do nó. Se todos os nós da rede tem de ter o mesmo grau lógico, então este valor é chamado de grau lógico da rede. Este é o valor normalmente usado para se definir o número de ligações numa topologia lógica a ser projetada (RAMASWAMI; SIVARAJAN, 1996).

Uma abordagem complementar é garantir que a topologia lógica ofereça redundância de caminhos, como forma de manter os nós conectados quando um nó ou uma ligação física sofre interrupção nos serviços (TORNATORE; MAIER; PATTAVINA, 2007a). Todavia maior segurança é obtida garantindo redundância nas rotas físicas, pois é possível que um determinado caminho na topologia lógica e seu respectivo redundante compartilhem uma ligação física ou um nó intermediário em suas rotas físicas.

Distribuição das Demandas de Tráfego

Escolhida uma topologia lógica, a próxima etapa é distribuir sobre seus caminhos o tráfego da matriz de demandas, o sub-problema TR. Isoladamente, este pode ser modelado como um problema de programação linear (RAMASWAMI; SIVARAJAN, 1996), que pode ser resolvido em tempo polinomial (CORMEN et al., 2002). Ele pode ser modelado como um problema distribuição de fluxo em rede clássico ou de forma agregada, onde as demandas de tráfego são agregadas em relação à origem ou ao destino, reduzindo a ordem de grandeza das variáveis do modelo linear, tornando-o mais eficiente (RAMASWAMI; SIVARAJAN, 1996).

Na distribuição de tráfego aparecem métricas importantes como o congestionamento. Ele é a quantidade de tráfego designado ao caminho óptico mais carregado da rede. Ao minimizar o congestionamento a tendência é distribuir igualmente o tráfego entre todos os caminhos ópticos. Este critério garante que não haja subutilização ou sobrecarga nas ligações lógicas. A sobrecarga causa aumento do atraso em filas e consequente diminuição da vazão (RAMASWAMI; SIVARAJAN; SASAKI, 2009).

Outra métrica importante é o processamento eletrônico, que está diretamente associado a quantidade de tráfego que é retransmitido por mais de uma ligação lógica, antes de chegar ao seu destino. Esse tráfego tem de ser processado nos roteadores eletrônicos de tráfego nos nós intermediários, o que influencia no dimensionamento dos mesmos, além de gerar atraso em filas (ALMEIDA et al., 2006). A distribuição do tráfego deve tentar enviar a maior parte do tráfego por caminhos compostos apenas por uma ligação lógica, de modo a evitar excessivo processamento eletrônico.

1.2.2 Roteamento e Alocação de Comprimentos de Onda

O sub-problema WR consiste em determinar as rotas físicas para as ligações lógicas, também chamadas neste contexto de requisições de conexão (ZANG; JUE; MUKHERJEE, 2000). Há três principais métricas de interesse nesta etapa, uma é que as rotas físicas não devem ser muito longas para evitar perdas de pacote por degradação do sinal (STERN; ELLINAS; BALA, 2008). Outro fator importante é o número de rotas físicas compartilhando uma mesma ligação física, pois isso influencia diretamente na quantidade de comprimentos de onda que serão necessários na resolução do sub-problema WA (ZANG; JUE; MUKHERJEE, 2000). Além disso, sua minimização forçaria uma distribuição mais uniforme das rotas nas ligações físicas.

A terceira métrica de interesse é uma sofisticação da primeira, que considera a quantidade de tráfego alocada à rota física, além da distância percorrida. O objetivo neste caso é minimizar o produto entre o tráfego alocado e a distância percorrida, conhecido como fator BL (*Bandwidth Length*) (AGRAWAL, 2002). Com a distribuição de tráfego já definida, minimizar BL tem efeito apenas sobre a distância, que neste caso é ponderada em função da quantidade de tráfego.

A criação das rotas físicas é o momento mais oportuno para se obter soluções tolerantes à falhas, construindo soluções com redundância de rotas físicas. Pois falhas mais críticas são as que envolvem cabos de fibra ou os equipamentos WDM dos nós (RAMASWAMI; SASAKI, 1998). É neste momento em que se determina as ligações físicas e os nós por onde será roteado o tráfego. Se para cada rota física existir uma segunda rota, sua cópia de segurança, com o mesmo destino e origem mas sem compartilhar nós intermediários ou ligações físicas ao longo de seus percursos, as falhas mencionadas não irão interromper a comunicação. Mas estas abordagens de proteção estão fora do escopo deste texto.

Por sua vez, o sub-problema WA consiste em atribuir comprimentos de onda às rotas físicas determinadas no sub-problema WR. Duas rotas físicas passando por uma mesma ligação física devem ter comprimentos de onda diferentes. Além disso, estamos assumindo a restrição de continuidade de comprimentos de onda (ZANG; JUE; MUKHERJEE, 2000), ou seja, um mesmo comprimento de onda deve ser usado do início ao fim de uma rota física. O objetivo mais comum nesta etapa é minimizar o número de comprimentos de onda necessários, pois isso influencia no dimensionamento dos equipamentos WDM dos nós e nos cabos de fibra óptica (XIN; ROUSKAS; PERROS, 2003).

O roteamento e alocação de comprimentos de onda, são tratados na literatura tanto separadamente quanto na forma do problema RWA (ZANG; JUE; MUKHERJEE, 2000; JAUMARD; MEYER; THIONGANE, 2004). Existem diversas modelagens para o RWA; um estudo abrangente delas pode ser visto em (JAUMARD; MEYER; THIONGANE, 2004). Cada uma dessas modelagens tem objetivos diferentes e sua análise está além do escopo deste texto.

O roteamento pode ser modelado como um problema de programação inteira (Integer Linear Problem - ILP) (ZANG; JUE; MUKHERJEE, 2000). Mas comumente é tratado por algoritmos mais simples, como o do caminho mais curto (CORMEN et al., 2002), de modo a dedicar mais esforço computacional à outras fases do projeto (ZANG; JUE; MUKHERJEE, 2000; RAMASWAMI; SIVARAJAN, 1996). O sub-problema WA pode ser visto como um problema de coloração de grafos, que é um problema NP-Completo (CORMEN et al., 2002) e também pode ser modelado como um ILP (ZANG; JUE; MUKHERJEE, 2000).

1.3 Trabalhos Anteriores

O problema de projetar uma rede óptica, a partir de uma topologia física conhecida, pode ser formulado como um MILP, sendo definida uma métrica de interesse a ser otimizada. Esse problema já foi amplamente estudado, tendo sido propostas heurísticas para resolvê-lo, sendo conhecidamente um problema de alto custo computacional (KRISHNASWAMY; SIVARAJAN, 2001; XIN; ROUSKAS; PERROS, 2003). As diferentes abordagens partem de considerações específicas sobre as demandas de tráfego, a métrica a ser otimizada, entre outras. O objetivo normalmente é a minimização de algum recurso da rede, tendo como exemplos: número de comprimentos de onda utilizados, número de transceptores, congestionamento e processamento eletrônico.

Uma das formulações para o projeto de uma topologia lógica foi apresentado como um problema de otimização em (MUKHERJEE et al., 1996). Os autores formularam o problema de projeto de topologia lógica como um problema de otimização não linear. A função objetivo considerava a minimização do atraso na transmissão e do congestionamento da rede. Os autores subdividem o problema em quatro subproblemas, da forma como foi mostrada na Seção 1.2. Nos experimentos apresentados, os autores consideram apenas o VTD, subproblemas LTD e TR. A meta-heurística *Simulated annealing* foi utilizada na resolução do subproblema LTD e *flow deviation* para o subproblema TR. Entretanto, a meta-heurística *Simulated Annealing* implementada torna-se muito cara computacionalmente para redes de grande porte.

Em (BANERJEE; MUKHERJEE, 2000) é apresentada uma formação MILP para o projeto completo de uma WRON com conversão de comprimentos de onda. Vale ressaltar que, em redes equipadas com conversores de comprimentos de onda, o problema torna-se menos complexo pois a restrição de continuidade dos comprimentos de onda não é aplicada (ZANG; JUE; MUKHERJEE, 2000). O objetivo neste trabalho é minimizar a distância média das rotas físicas. A formulação MILP apresentada, inclui a definição das ligações lógicas, suas rotas físicas, e a distribuição de tráfego sobre as mesmas. Com o objetivo de tornar o problema tratável, a restrição de continuidade de comprimentos de onda foi relaxada, considerando que todos os nó possuem capacidade de conversão de comprimentos de onda. Devido à dificuldade de obter soluções ótimas com o modelo MILP, o processo de otimização foi interrompido após algumas iterações.

Em (RAMASWAMI; SIVARAJAN, 1996) os autores formularam uma modelagem MILP para o VTD com o objetivo principal de minimizar congestionamento. Não existe restrição quanto ao número de comprimentos de onda utilizados. A desvantagem desta abordagem é que a topologia física torna-se irrelevante para o projeto, pois ela é considerada apenas para limitar o atraso de propagação. A estrutura física influencia muito pouco dessa forma. Além disso, o atraso é calculado supondo que as rotas físicas são estabelecidas pelo algoritmo da menor distância (ZANG; JUE; MUKHERJEE, 2000).

Em (KRISHNASWAMY; SIVARAJAN, 2001) é proposta uma modelagem MILP que minimiza congestionamento em redes sem conversores de comprimentos de onda. Esse modelo considera os quatro subproblemas do projeto de uma WRON, sendo uma modelagem abrangente. Este trabalho é de particular interesse neste texto e será analisado detalhadamente na Seção 5.4. Segundo os autores, esta formulação não é computacionalmente tratável, sendo métodos heurísticos propostos. São obtidos resultados de boa qualidade, que serão alvo de comparação com métodos aqui propostos na Seção 5.4.

Em (BANERJEE; MUKHERJEE, 2000), os autores formularam o problema de projeto de topologia lógica como um problema linear que considera os nós da rede equipados com conversores de comprimento de onda. A função objetivo da formulação é a minimização do comprimento das rotas físicas, com a possibilidade de redução do número de conversores de comprimentos de onda utilizados e, dessa forma, esta formulação poderia ser aproximada para uma formulação sem conversão. Segundo os autores, as deficiências desta formulação são: ela produz resultados razoáveis somente se a matriz de tráfego for equilibrada, sendo esta uma consequência da função objetivo não incluir variáveis de tráfego; ele é eficiente somente se a topologia física for densa em termos do número de arestas. Se a topologia física for esparsa então o número de conversores de comprimento de onda utilizados aumentará, pois haveriam poucas rotas alternativas. A restrição de continuidade dos comprimentos de onda não foi utilizada nesta formulação.

O artigo (TORNATORE; MAIER; PATTAVINA, 2007b) apresenta um modelo MILP para o projeto de WRONs, capaz de projetar também a rede física, suportando múltiplos cabos de fibra óptica entre cada par nós. No modelo proposto é usada agregação de variáveis em relação à origem para a criação das rotas físicas, o que permite uma redução relevante no número de variáveis e restrições (JAUMARD; MEYER; THIONGANE, 2004). Com relação a conversão de comprimentos de onda, dois casos extremos são tratados: 1) quando todos os nós possuem capacidade de converter os comprimentos de onda, e 2) quando nenhum nó possui capacidade de conversão de comprimento de onda, sendo exigida a restrição de continuidade de comprimentos de onda. O trabalho propõe a otimização da topologia lógica de uma rede física com múltiplos cabos de fibras entre os pares de nós, com o objetivo de minimização de custo: o número de ligações físicas entre cada par de nós é a variável a ser minimizada, tendo como um dos dados de entrada o número de comprimentos de onda por ligação física.

Algumas heurísticas para o projeto completo de redes ópticas foram apresentadas no artigo (SKORIN-KAPOV; KOS, 2005), aplicando o modelo proposto em (KRISHNASWAMY; SIVARAJAN, 2001). Este trabalho envolve o projeto de WRONs sem utilização de conversores de comprimento de onda. Neste trabalho é introduzida uma função objetivo chamada de número médio de saltos lógicos (*average virtual hop distance*), onde o número de saltos lógicos é a quantidade de ligações lógicas que por onde uma demanda de tráfego passa antes de chegar ao destino. As heurísticas apresentadas são adaptações das apresentadas em (RAMASWAMI; SIVARAJAN, 1996). Os resultados apresentados foram gerados a partir de experimentos com redes de tamanhos variados e para características de tráfego uniforme e não uniforme.

Uma referência clássica para o RWA é o artigo (ZANG; JUE; MUKHERJEE, 2000). Este estudo detalha o problema de roteamento e alocação de comprimentos de onda (RWA) em redes ópticas WDM, especialmente para redes que operam com a restrição de continuidade de comprimentos de onda, ou seja, não utilizam conversores. É apresentada uma revisão de várias abordagens e métodos apresentadas na literatura, abrangendo modelagens MILP e heurísticas.

Um modelo MILP para o projeto completo foi apresentado em (ASSIS; WALDMAN, 2004), baseado nas formulações clássicas do VTD e do RWA. Este trabalho propõe um algoritmo heurístico iterativo, que faz uso de programação linear, para resolver os problemas VTD e RWA de forma integrada. A topologia lógica é escolhida com a clássica heurística HLDA (RAMASWAMI; SIVARAJAN, 1996), e esse resultado é fixado no modelo proposto. A seguir o modelo é resolvido para encontrar solução para as demais variáveis. Por se tratar de um modelo MILP de alto custo computacional, a resolução é interrompida depois de um tempo pré determinado. A função objetivo adotada foi o número total de saltos nas rotas físicas, com o objetivo de evitar a formação de ciclos nas rotas físicas. A estratégia foi passar ao modelo limitações para as métricas importantes, de modo que as soluções viáveis encontradas fossem satisfatórias. Essa abordagem foi possível dada a grande abrangência do modelo proposto, onde métricas dos quatro sub-problemas do projeto de uma WRON podem ser controladas. Todavia o alto custo computacional do modelo proposto inviabiliza sua aplicação para redes de grande porte. As redes testadas tinham 6 e 12 nós. Este trabalho será analisado na Seção 5.1 e os resultados nele apresentados serão comparados com os produzidos através de um método proposto neste texto, na Seção 5.2.

1.4 Projeto Completo de uma WRON Semitransparente

O foco deste trabalho é modelar o projeto de uma WRON semitransparente, visando auxiliar nas fases de planejamento e dimensionamento de redes. Neste contexto, comumente tomase por base uma topologia física pré estabelecida. Esta normalmente é definida por fatores históricos, geográficos e econômicos. Um dos objetivos aqui é levar para o projeto da rede física considerações que só surgiriam depois, no tratamento dos sub-problemas VTD e RWA. Nesse sentido, o projeto completo de uma WRON incluiria o projeto da rede física, além dos sub-problemas VTD e RWA.

No projeto da rede física, será considerado apenas o custo de instalação dos cabos de fibra óptica. Não será considerado nenhum contexto geográfico ou histórico em particular, deste modo, o custo de instalação será modelado simplesmente em função da distância estre os nós.

Na literatura, o projeto com essa abrangência foi pouco explorado (XIN; ROUSKAS; PERROS, 2003), em parte pela complexidade e elevado custo computacional das modelagens que combinam VTD e RWA (KRISHNASWAMY; SIVARAJAN, 2001; ASSIS; WALDMAN, 2004).

Na Seção 1.4.1 introduziremos uma nova modelagem eficiente para o projeto completo de uma WRON que combina o projeto da topologia física com os problemas VTD e RWA.

Uma preocupação em modelagens abrangentes é o controle de várias métricas ao mesmo tempo. Isso é facilitado quando sabe-se como calcular eficientes limites inferiores para alguma delas. No projeto de uma WRON, uma métrica importante é o congestionamento e o cálculo de limites inferiores para ele envolve grande custo computacional (RAMASWAMI; SIVARAJAN, 1996). Por isso, para auxiliar no objetivo principal deste texto, que é o projeto abrangente de uma WRON, introduzimos na Seção 1.4.2 um novo e eficiente limite inferior para o congestionamento.

1.4.1 Nova Modelagem para Projeto Completo de uma WRON

A principal contribuição deste trabalho é a proposição de um modelo para o projeto de WRONs, denominado TWA (*Traffic over Wavelength Assignment*). Ele é capaz de tratar desde a escolha da topologia física da rede até a definição da topologia lógica, incluindo a distribuição de tráfego, a definição das rotas físicas e a alocação de comprimentos de onda.

Conforme será mostrado no Capítulo 2, este modelo possui um reduzido número de variáveis e restrições, se comparado a modelos que resolvem apenas o RWA, como os que são tratados em (JAUMARD; MEYER; THIONGANE, 2004). Na literatura, o projeto completo, incluindo topologias física e lógica, foi modelado em (XIN; ROUSKAS; PERROS, 2003), possuindo uma complexidade elevada, que torna o uso de heurísticas uma exigência. O problema modelado em (XIN; ROUSKAS; PERROS, 2003) possui premissas diferentes do modelo TWA, pois não trata dos sub-problemas VTD e RWA da mesma maneira, devido à utilização de tecnologias distintas. Em (XIN; ROUSKAS; PERROS, 2003) é suposto o uso da tecnologia *Generalized Multiprotocol Label Switching* (GMPLS) (BANERJEE et al., 2001). Com isso uma comparação direta não é possível. Outros modelos encontrados na literatura são menos abrangentes, alguns não tratam da topologia física (KRISHNASWAMY; SIVARAJAN, 2001; ASSIS; WALDMAN, 2004), ou assumem uma topologia lógica e não consideram uma matriz de demandas (TORNATORE; MAIER; PATTAVINA, 2007b; PUECH; KURI; GAGNAIRE, 2002). Portanto, nos teste que serão apresentados no Capítulo 5, optou-se por considerar a topologia física como conhecida.

O TWA guarda semelhanças com alguns modelos conhecidos (RAMASWAMI; SIVARAJAN; SASAKI, 2009; TORNATORE; MAIER; PATTAVINA, 2007b), por utilizar variáveis agregadas para a distribuição do tráfego e criação das rotas físicas. Mas a modelagem que aqui será apresentada introduz outras vantagens que a tornam mais abrangente e ao mesmo tempo mais enxuta, considerando o número de variáveis e restrições.

Uma das vantagens é que o modelo naturalmente admite múltiplas ligações lógicas entre cada par de nós da rede, sem a necessidade de diferenciar cada ligação por uma variável de decisão diferente, como na abordagem utilizada anteriormente em (RAMASWAMI; SIVARAJAN; SASAKI, 2009).

Outra vantagem é que não são utilizadas variáveis diferentes para a topologia física, topologia lógica, rotas físicas e alocação de comprimentos de onda, como é feito em (ASSIS; WALDMAN, 2004). No TWA há uma variável chamada componente topológica que consegue acumular todas essas funções. De fato, definida uma rota física com um dado comprimento de onda, implicitamente estão definidas as ligações físicas utilizadas e a ligação lógica correspondente.

Ao invés de fazer a distribuição do tráfego em função da topologia lógica (RAMASWAMI; SIVARAJAN; SASAKI, 2009), o TWA possui restrições para a distribuição do tráfego escritas diretamente em função das componentes topológicas, daí seu nome (*Traffic over Wavelength Assignment*). Na prática, isso elimina as restrições de distribuição de requisições de tráfego do RWA (ZANG; JUE; MUKHERJEE, 2000). Isto está ilustrado na Figura 1.8.

Essas características reduzem a complexidade do modelo, deixando de determinar explicitamente informações que não são necessárias nessa fase do projeto. Assim sendo, as variáveis e restrições do TWA consistem em um modelo completo para o projeto de redes ópticas, considerando todos os seus subproblemas de maneira integrada.

No Capítulo 2 apresentamos a modelagem básica para o TWA, onde são colocadas as res-

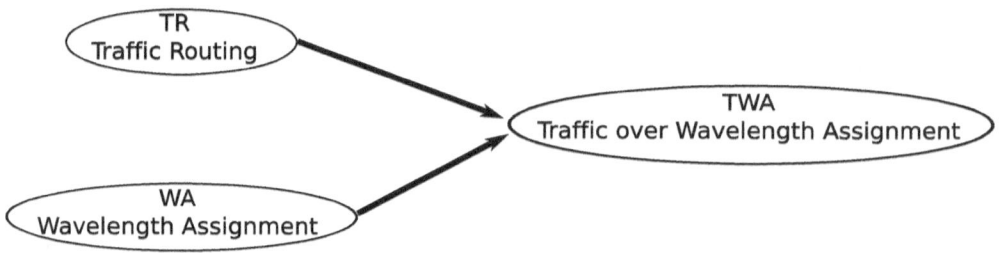

Figura 1.8: Dois sub-problemas se fundem no TWA

trições fundamentais da formulação proposta. No Capítulo 3 ilustramos outros casos de uso da modelagem TWA, que estendem as capacidades do modelo básico. No Capítulo 5 são apresentados resultados computacionais, obtidos utilizando o modelo proposto neste trabalho, e comparações dos mesmos com outros resultados encontrados na literatura.

Por simplicidade, é assumido que todas as ligações lógicas possuem a mesma capacidade de tráfego. Além disso, não serão consideradas aqui a possibilidade de bloqueio de pacotes e nem outros tipos de perdas na transmissão. Portanto, é assumido que todo o tráfego da rede será devidamente enviado e recebido. Assumimos também a restrição de continuidade de comprimentos de onda, ou seja, os nós não são capazes de fazer conversão entre comprimentos de onda na forma básica do TWA.

Não é suposto a existência de nenhum recurso, como quantidade de OXCs, OADMs ou fibras ópticas. Tentamos encontrar soluções que demandem o mínimo possível de recursos da rede. O objetivo dessa abordagem é servir de suporte para o dimensionamento e planejamento da rede; nesta fase é que serão definidos os equipamentos específicos que serão necessários para a implantação do projeto.

1.4.2 Novo Limite Inferior para o Congestionamento

No Capítulo 4 será apresentada a demonstração formal de um novo limite inferior (*lower bound* - LB) para o congestionamento, denominado *Minimum Traffic Bound* (MTB). Nos resultados que serão apresentados na Seção 5.4, o MTB apresentou alta qualidade pois coincidiu com o ótimo ou ficou muito próximo dele. Além disso, seu custo computacional é desprezível, pois ele é calculado diretamente das demandas de tráfego, através de uma fórmula matemática simples. Isso contrasta com as técnicas para obtenção de LBs para o congestionamento que encontramos na literatura (RAMASWAMI; SIVARAJAN; SASAKI, 2009). Até então, obter LBs de boa qualidade para congestionamento tinha custo computacional bem mais elevado do que encontrar boas soluções viáveis (KRISHNASWAMY; SIVARAJAN, 2001)

2 TWA - Modelo para o Projeto Completo de uma WRON

Neste capítulo será apresentada a forma básica do modelo TWA (*Traffic over Wavelength Assignment*), começando pela notação designada aos nós e as constantes que definem uma instância de problema para o modelo. Em seguida serão definidas as variáveis utilizadas para compor as restrições e a função objetivo do modelo, passando-se então à sua descrição. A função objetivo adotada na formulação básica é a minimização dos custos de instalação e operação da rede, valendo-se da capacidade do modelo escolher também a topologia física da rede. Além disso, foi considerada a restrição de conservação dos comprimentos de onda ao longo do caminho óptico (ZANG; JUE; MUKHERJEE, 2000), ou seja, não se admite a conversão de comprimentos de onda na camada óptica da rede nesta formulação básica. Outros casos de uso e extensões ao modelo básico serão apresentados no Capítulo 3.

2.1 Dados de Entrada e Variáveis

Notação 1. *Para uma rede de N nós, os pares ordenados (m,n), (s,d) e (i,j) indicam respectivamente ligações físicas, demandas de tráfego e ligações lógicas, com $m \neq n$, $s \neq d$ e $i \neq j$, onde $m,n,s,d,i,j \in \{1,..,N\}$. O índice $w \in \{1,..,W\}$ representa comprimentos de onda, onde W é a quantidade limite de comprimentos de onda que podem ser usados. O índice $v \in \{1,..,N\}$ representa os nós da rede.*

A Figura 2.1 ilustra os diferentes escopos dos índices associados aos nós da rede, com relação às ligações físicas (m,n), ligações lógicas (i,j) e demandas de tráfego (s,d). Esta notação segue a convenção comumente utilizada em trabalhos anteriores (MUKHERJEE, 2006; RAMASWAMI; SIVARAJAN; SASAKI, 2009). É importante dizer que esta modelagem suporta múltiplas ligações físicas e lógicas entre cada par de nós, portanto, os pares (m,n) e (i,j) representam conjuntos de possíveis ligações físicas e lógicas, respectivamente. Esses conjuntos não serão explicitamente controlados, sendo esse um dos motivos da simplicidade do modelo.

2.1 Dados de Entrada e Variáveis

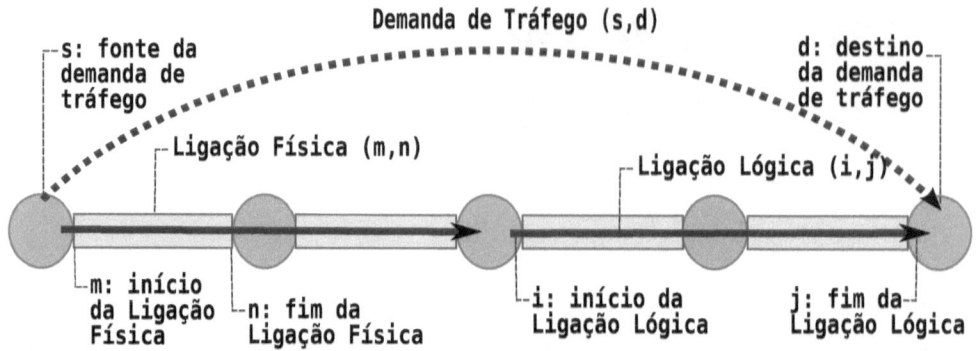

Figura 2.1: Representação gráfica da notação associada aos nós da rede.

Dados 1. *Uma instância para o modelo TWA é definida por:*

1. N = *Número de nós da rede.*

2. W = *Máximo de comprimentos de onda em uma ligação física.*

3. K = *Máxima multiplicidade de ligações físicas entre cada par (m,n).*

4. Cap = *Capacidade de tráfego de cada ligação lógica.*

5. C_{mn} = *Custo de uma ligação física entre o par (m,n).*

6. T = *Custo por unidade de fluxo.*

7. P_{sd} = *Demanda de tráfego, com origem s e destino d.*

8. $A_s = \sum_d P_{sd}$ = *Tráfego agregado pela origem s.*

9. $Q_{sd} = P_{sd}/A_s$ = *Fração de A_s correspondente à Demanda de tráfego P_{sd}.*

2.1.1 Componentes Topológicos

A variável central do modelo, a partir da qual todas as demais serão definidas, chamada de componente topológico, é representada graficamente na Figura 2.2 e formalmente definida na Variável 2.1.1. Ela sozinha representa as topologias lógica e física, as rotas físicas das ligações lógicas e os comprimentos de onda utilizados.

Variável 2.1.1. *Seja $B_{iw}^{mn} = k \in \{0,..,K\}$, com $i \neq n$, um componente do conjunto das ligações lógicas com origem i e comprimento de onda w, que utilizam k ligações físicas entre os nós m e n.*

2.1 Dados de Entrada e Variáveis

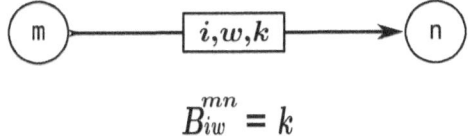

$$B_{iw}^{mn} = k$$

Figura 2.2: Representação gráfica de um componente topológico.

Considerando que $B_{iw}^{mn} = k$ para algum $k \in \{0,..,K\}$, existem k ligações lógicas originadas em i no comprimento de onda w, passando por k ligações físicas distintas entre o par de nós (m,n). Conforme a terminologia utilizada neste trabalho daqui por diante, *um componente topológico $B_{iw}^{mn} = k$ é iniciado em m, incidente em n, com origem i, comprimento de onda w e valor k.*

Se $k > 1$, então há multiplicidade de ligações físicas entre o par de nós (m,n), pois haveria interferência se houvessem duas ligações lógicas se propagando na mesma ligação física, com o mesmo comprimento de onda. Note que K limita apenas a multiplicidade das ligações físicas, pois se $K = 1$, B_{iw}^{mn} se torna uma variável binária, mas ainda podem haver múltiplas ligações lógicas entre um par (i,j), utilizando rotas físicas distintas, ou ainda, comprimentos de onda diferentes em uma mesma rota física. Se $B_{iw}^{mn} = 0$, $\forall (i,w)$, então nenhuma ligação física entre o par de nós (m,n) é utilizada.

Na Figura 2.3, temos um exemplo de interpretação dos componentes topológicos, todos com origem no nó v_1 e com o mesmo comprimento de onda w. No item d) desta figura, o valor 2 do componente que liga os nós (v_1, v_2) é interpretado como duas ligações físicas entre esses nós, representadas no item a). No item b), vemos uma ligação lógica dupla entre os nós (v_1, v_3), onde uma delas passa de forma transparente pelo nó v_2, como indicado no item c). Note ainda que, no item d), há dois caminhos lógicos incidentes em v_2 mas apenas um iniciando. Isso indica que uma ligação lógica termina em v_2, enquanto a outra segue adiante.

A indexação atribuída às variáveis B_{iw}^{mn} especificam apenas o nó i onde se iniciam as ligações lógicas representadas, sem deixar claro aonde elas terminam. Isto significa que estas variáveis agregam todas as ligações lógicas originadas em i com comprimento de onda w, que utilizam as ligações físicas entre o par (m,n), independente do nó j em que terminam estas ligações lógicas. Esta técnica consiste em uma abordagem bastante conhecida para a representação de variáveis em problemas de distribuição de fluxo em redes. Em (TORNATORE; MAIER; PATTAVINA, 2007b), este conceito de agregação de tráfego é aplicado como meio de simplificação do modelo, reduzindo substancialmente o número de variáveis dos problemas resultantes. No TWA, esta agregação cumpre o mesmo papel de simplificação, cabendo às restrições do modelo garantir implicitamente a terminação correta destas ligações lógicas agregadas nas variáveis B_{iw}^{mn}.

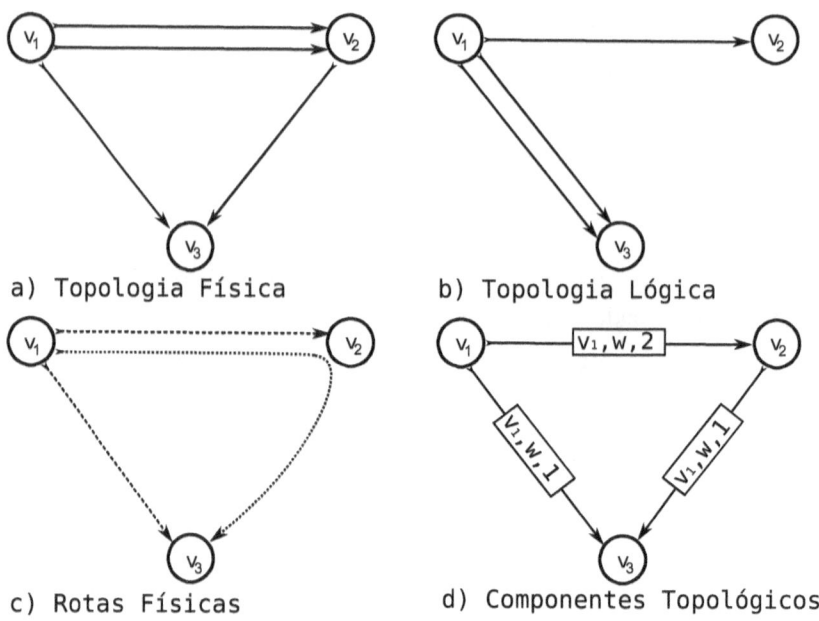

Figura 2.3: Exemplo da interpretação dos componentes topológicos.

Para fins de comparação entre modelos de programação inteira, usualmente uma variável que pode assumir K valores diferentes é convertida em K variáveis binárias (CORMEN et al., 2002). A princípio, o número de variáveis binárias associadas aos componentes topológicos seria $N^3 \cdot W \cdot K$, mas devemos excluir algumas que são trivialmente nulas: aquelas com $i = n$, pois i não pode ser origem da ligação lógica e ao mesmo tempo destino da ligação física (n). Isso resulta em $N^3 \cdot W \cdot K - N^2 \cdot W \cdot K$.

2.1.2 Fração de Fluxo das Demandas de Tráfego

Para resolver o sub-problema de roteamento de tráfego, é definida a Variável 2.1.2, que modela a fração de fluxo agregado para as demandas de tráfego. Elas são semelhantes às variáveis de fluxo agregado utilizadas em (RAMASWAMI; SIVARAJAN, 1996), todavia há duas diferenças. Uma delas é que aqui essas variáveis são normalizadas em função do tráfego agregado na origem (A_s), e são portanto uma fração deste. Essa modificação não é requerida pela modelagem, tendo apenas a função de facilitar a compreensão das restrições do modelo, que ficam menos dependentes do dados de entrada.

A outra diferença é que o fluxo é separado por comprimento de onda, como se fossem W redes sem multiplexação sobrepostas. Isso facilita a interpretação das restrições do modelo, e também ajuda a mantê-lo mais simples. De fato, o controle da distribuição de fluxo deve ser feito em cada ligação lógica (RAMASWAMI; SIVARAJAN; SASAKI, 2009), mas a restrição de continuidade de comprimentos de onda exige uma equação para cada w separadamente (ZANG; JUE; MUKHERJEE, 2000). Soma-se a isso o fato de que nesta modelagem múltiplas ligações lógicas são agregadas em cada par (i,j) para todos os valores w utilizados. Assim, separando o tráfego por comprimento de onda, foi possível combinar o controle da distribuição de tráfego com a restrição de continuidade de comprimentos de onda. Isso será tratado com mais detalhes na Seção 2.3.2.

Variável 2.1.2. *Seja $q_{sw}^{ij} \in [0,1]$ a fração do fluxo originado em s, passando pelas ligações lógicas entre o par (i,j) com comprimento de onda w, onde $s \neq j$.*

Também devem ser excluídas do modelo, por serem trivialmente nulas, as frações de fluxo com $s = j$. Pois j é destino do tráfego, não podendo ser ao mesmo tempo origem (s). Assim, o número de variáveis reais associadas às frações de fluxo é $N^3 \cdot W - N^2$.

2.1.3 Topologia Física

Apesar da topologia física ser determinada pelos componentes topológicos, para fins de controle do custo de instalação da rede física, são necessárias novas incógnitas. Para este fim, é definida a Variável 2.1.3, que registrará em D_{mn} a multiplicidade física determinada pelos componentes topológicos. Se $D_{mn} = 0$, não há ligações físicas entre o par (m,n), mas se $D_{mn} = k$, para algum $k \in \{0,..,K\}$, existem k ligações físicas entre o par (m,n).

Variável 2.1.3. *Seja $D_{mn} \in \{0,..,K\}$ o número de ligações físicas entre o par de nós (m,n).*

O número de variáveis binárias associadas à D_{mn} é $N^2 \cdot K - N \cdot K$ (CORMEN et al., 2002), pois deve-se desconsiderar as variáveis onde $m = n$.

2.2 Custo de Instalação e Operação

Duas métricas importantes no projeto da redes ópticas são os custos de instalação e operação (MUKHERJEE, 2006). O custo de instalação C_{mn} é o custo associado a uma ligação física entre o par de nós (m,n). O custo total de instalação é dado na equação 2.2.1. O custo de operação, é definido como o custo por unidade de fluxo e calculado na equação 2.2.2, influencia também no dimensionamento dos nós da rede.

$$CI = \sum_{mn} C_{mn} \cdot D_{mn} \qquad (2.2.1)$$

$$TO = \sum_{sijw} T \cdot q_{sw}^{ij} \cdot A_s \qquad (2.2.2)$$

O custo de operação pode ser dividido em duas partes: uma constante, formada pelas demandas de tráfego (equação 2.2.3), que necessariamente deverão ser roteadas; e outra variável, composta pelo tráfego adicional que é gerado, ou seja, o tráfego retransmitido (equação 2.2.4). A parte constante do custo de operação não influenciaria na função objetivo, por isso não será incluída em seu cálculo, dado na equação 2.2.5.

$$TOC = \sum_{sd} T \cdot P_{sd} \qquad (2.2.3)$$

$$TOV = \sum_{sijw} T \cdot q_{sw}^{ij} \cdot A_s, \quad i \neq s \qquad (2.2.4)$$

$$FO = CI + TOV \qquad (2.2.5)$$

Outro ponto positivo dessas métricas é que minimizar o custo por unidade de fluxo é equivalente a minimizar o tráfego retransmitido na rede, o que por sua vez, equivale a minimizar o processamento eletrônico de tráfego dos nós da rede (ALMEIDA et al., 2006). Além disso, será necessária nesta modelagem uma restrição de limitação da capacidade das ligações lógicas (*Cap*), que equivale à limitar o congestionamento na rede. Assim, limitando a capacidade e minimizando o custo de operação, temos uma abordagem eficiente, quanto ao custo computacional, para controlar também o congestionamento e o processamento, importantes métricas no projeto da topologia lógica (ALMEIDA et al., 2006; RAMASWAMI; SIVARAJAN; SASAKI, 2009).

Se não for necessário ponderar o custo por unidade de fluxo, basta fazer $T = 1$, e se não for necessário considerar o custo total de instalação (*CI*), basta fazer $C_{mn} = 0$ para todo (m,n). Deste modo seria simplesmente um modelo de minimização do processamento, com limitação do congestionamento (ALMEIDA et al., 2006).

2.3 O Modelo TWA

Nesta seção é apresentada a forma básica do modelo TWA. Suas restrições são apresentadas a seguir, após a função objetivo apresentada na seção anterior.

2.3 O Modelo TWA

Função Objetivo

- Custo de Instalação e Operação

$$\text{Minimize:} \quad \sum_{mn} C_{mn} \cdot D_{mn} + \sum_{sijw} T \cdot q_{sw}^{ij} \cdot A_s, \quad i \neq s \quad (2.3.1)$$

Restrições

- Continuidade de Comprimentos de Onda e Capacidade:

$$\sum_s q_{sw}^{iv} \cdot A_s \leqslant Cap \cdot \left(\sum_m B_{iw}^{mv} - \sum_n B_{iw}^{vn} \right), \quad \forall (i,v,w), \text{ com } i \neq v \quad (2.3.2)$$

- Topologia Física:

$$\sum_i B_{iw}^{mn} \leqslant D_{mn}, \quad \forall (m,n,w) \quad (2.3.3)$$

- Conservação de Fluxo:

$$\sum_{jw} q_{vw}^{vj} = 1, \quad \forall v \quad (2.3.4)$$

$$\sum_{iw} q_{sw}^{iv} - \sum_{jw} q_{sw}^{vj} = Q_{sv}, \quad \forall (s,v), \text{ com } s \neq v \quad (2.3.5)$$

O número de equações no modelo básico é $2 \cdot N^2 \cdot W + N^2 + N$, que em notação assintótica é $\Theta(N^2 \cdot W)$ (CORMEN et al., 2002). Somando o número de variáveis binárias associadas aos componentes topológicos, mais as associadas à topologia física, temos $\Theta(N^3 \cdot W \cdot K)$. Portanto, em número de variáveis e restrições, o TWA é similar a modelos eficientes, mas que resolvem apenas o sub-problema RWA, como os que foram estudados em (JAUMARD; MEYER; THIONGANE, 2004). Na Tabela 2.1 são resumidos os dados sobre número de variáveis e equações.

Métrica	Equações	Reais	Binárias
Custo Assintótico	$\Theta(N^2 \cdot W)$	$\Theta(N^3 \cdot W)$	$\Theta(N^3 \cdot W \cdot K)$
Valores Absolutos	$2 \cdot N^2 \cdot W + N^2 + N$	$N^3 \cdot W - N^2$	$N^3 \cdot W \cdot K - N^2 \cdot W \cdot (1-K) + N \cdot K$

Tabela 2.1: Número de variáveis binárias, reais e equações no TWA.

2.3.1 Planos Lógicos

Como os componentes topológicos e as frações de fluxo são indexados pelo comprimento de onda, a distribuição de tráfego é feita em partes disjuntas da topologia lógica, também separadas por comprimento de onda. De fato, esta modelagem é focada nas rotas físicas; elas é que definem as topologias lógica e física. Pode-se separar as rotas e seu respectivo tráfego em partes disjuntas da rede, agrupadas por cada valor de w. Essas rotas não compartilham as mesmas ligações físicas pois todas possuem o mesmo comprimento de onda. Todavia podem não ser disjuntas pois ainda é possível que passem por um mesmo nó intermediário.

Essa separação só ocorre na topologia lógica, pois cada rota corresponde a uma ligação lógica. Na topologia física, duas rotas podem compartilhar uma mesma ligação física utilizando comprimentos de onda diferentes.

Na Figura 2.4 é representada a separação da topologia lógica por comprimentos de onda. Essas porções disjuntas são vistas na figura como planos paralelos que, quando sobrepostos, formam a topologia lógica. Esses planos serão aqui chamados de planos lógicos, cada um associado a um comprimento de onda, onde um par (i, j) pode ainda representar múltiplas ligações lógicas utilizando um mesmo w.

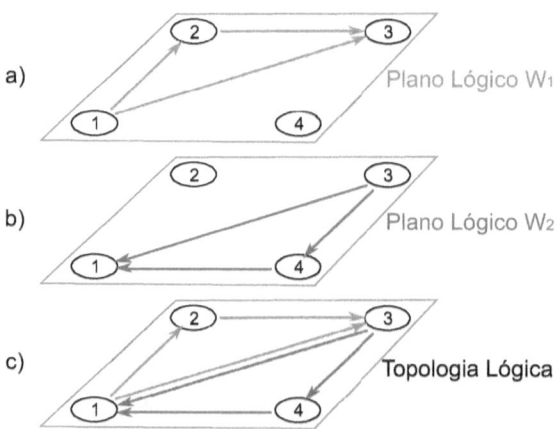

Figura 2.4: Esquema da separação da topologia lógica por comprimento de onda.

Essa forma de visualizar a topologia lógica tem apenas a finalidade de facilitar a interpretação das restrições, pois permite ver o projeto como se fossem W redes sem multiplexação sobrepostas. Nas seções que se seguem no restante deste capítulo, a separação da topologia lógica por comprimento de onda será usada na explanação sobre as restrições do modelo TWA.

2.3.2 Continuidade de Comprimentos de Onda e Capacidade

Acumulando múltiplas funções, a Restrição 2.3.2 atua como restrição de continuidade de comprimentos de onda e limitação de capacidade. Em cada plano lógico w, ela garante a continuidade das rotas físicas, onde os componentes topológicos devem formar um caminho sobre a topologia física, conservando o mesmo comprimento de onda. Esses percursos não são controlados explicitamente; eles são garantidos pela conservação dos componentes topológicos nos nós intermediários, semelhante a uma restrição de conservação de fluxo (RAMAMURTHY et al., 1999).

A Restrição 2.3.2 é repetida na equação 2.3.6 para facilitar a leitura desta seção. Nela, a conservação dos percursos lógicos é feita da seguinte forma: a soma dos componentes das ligações lógicas iniciadas em um nó i no plano w, partindo de um nó intermediário v, deve ser menor ou igual à quantidade recebida. Isso é garantido se a equação 2.3.7 for satisfeita.

$$\sum_s q_{sw}^{iv} \cdot A_s \leqslant Cap \cdot \left(\sum_m B_{iw}^{mv} - \sum_n B_{iw}^{vn} \right), \quad \forall (i,v,w), \text{ com } i \neq v \qquad (2.3.6)$$

$$\sum_n B_{iw}^{vn} \leqslant \sum_m B_{iw}^{mv}, \quad \forall (i,v,w), \text{ com } i \neq v \qquad (2.3.7)$$

A equação 2.3.7 pode ser reescrita na forma da equação 2.3.8, que define LL_{iv}^w, a diferença entre a soma dos componentes chegando e saindo de v, originados em i no plano w. O valor LL_{iv}^w representa a quantidade de ligações lógicas que não têm continuidade ao passar por v, ou seja, são as ligações lógicas incidentes em v, com origem em i no plano w.

$$LL_{iv}^w = \sum_m B_{iw}^{mv} - \sum_n B_{iw}^{vn} \geqslant 0, \quad \forall (i,v,w), \text{ com } i \neq v \qquad (2.3.8)$$

Por sua vez, a equação 2.3.8 é equivalente à equação 2.3.9. Este última é garantida pela Restrição 2.3.2, como fica demonstrado pela equação 2.3.10, pois tomando-a como premissa conclui-se a equação 2.3.9. Portanto, a equação 2.3.7 é válida.

$$0 \leqslant Cap \cdot LL_{iv}^w, \quad \forall (i,v,w), \text{ com } i \neq v \qquad (2.3.9)$$

$$\sum_s q_{sw}^{iv} \cdot A_s \leqslant Cap \cdot LL_{iv}^w, \quad \forall (i,v,w), \text{ com } i \neq v \qquad (2.3.10)$$

Na figura 2.5 é ilustrada a forma como a conservação dos percursos lógicos é feita. Nela vê-se dois componentes chegando no nó intermediário v, ambos compõem ligações lógicas no plano w iniciadas no nó i, que não está representado na figura, igualmente ao componente que deixa v. A soma dos valores dos componentes que chegam é 3 e a dos que saem é 2, portanto a conservação está mantida. Neste exemplo, como há diferença de 1 entre a quantidade de componentes chegando e saindo de v, então, necessariamente há uma ligação lógica terminando em v; para a qual ele deixa de ser visto como um nó intermediário, se tornando o destino dessa ligação lógica. A conservação não seria mantida no plano w caso houvessem componentes partindo de v em maior quantidade do que chegando, pois aí não haveria rastreabilidade do percurso até sua origem i.

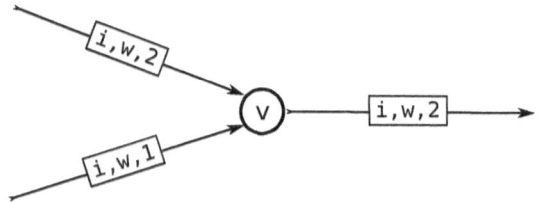

Figura 2.5: Conservação dos Percursos Lógicos.

A Restrição 2.3.2 é um conjunto de equações, onde cada uma trata de um par (i,j) em um plano lógico w. Portanto, a capacidade combinada das múltiplas ligações lógicas associadas ao par (i,j) é a capacidade de cada uma (Cap) multiplicada pelo número de ligações lógicas entre (i,j) no plano lógico w. Este segundo fator é LL_w^{ij}, calculado na equação 2.3.8. Todo o tráfego passando pelas ligações lógicas (i,j) nesse plano deve ser limitado por $Cap \cdot LL_w^{ij}$, o que de fato é feito pela Restrição 2.3.2.

A Restrição 2.3.2 ainda acumula uma função que, por ser intuitiva, pode passar desapercebida, mas é fundamental para a consistência do modelo. Ela anula as frações de fluxo agregado entre os nós não conectados diretamente por ligações lógicas. Quando $LL_w^{ij} = 0$, ou seja, não há ligações lógicas entre o par (i,j) no plano w, as frações de fluxo q_{sw}^{ij} serão anuladas pela Restrição 2.3.2, para todas as origens s.

2.3.3 Controle da Topologia Física

Com a finalidade de controlar pela função objetivo 2.3.1 a quantidade de ligações físicas definidas pelos componentes topológicos, a Restrição 2.3.3 acumula nas variáveis D_{mn} a multiplicidade determinada pelos componentes. Ela é repetida na equação 2.3.11 para facilitar a leitura desta seção. Dado um par (m,n), as equações dessa restrição são ainda separadas por comprimento de onda. Pois se todos os componentes topológicos alocados em (m,n) usarem o mesmo w, apenas uma ligação física será necessária. Se usarem comprimentos de onda diferentes, D_{mn} precisará atender ao maior desses componentes topológicos. Portanto, a restrição 2.3.3, minimiza a soma dos componentes topológicos em cada par (m,n), por força do fator CI na função objetivo (Seção 2.2).

$$\sum_i B_{iw}^{mn} \leqslant D_{mn}, \quad \forall (m,n,w) \tag{2.3.11}$$

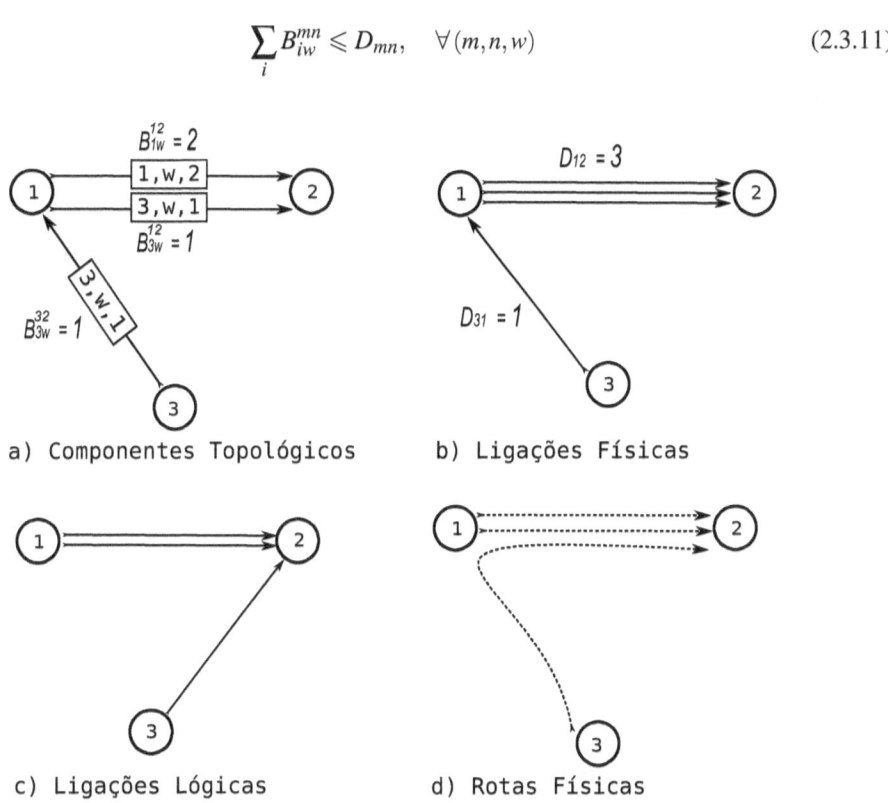

Figura 2.6: Interpretação dos componentes topológicos na variável D_{mn}.

Na Figura 2.6 é apresentado um exemplo de interpretação dos componentes topológicos na variável D_{mn}. No item a estão os componentes topológicos que definem as ligações físicas indicadas no item b. Nos itens c e d estão as ligações lógicas e as rotas físicas correspondentes.

2.3.4 Conservação de Fluxo

A conservação de fluxo é assegurada pelas Restrições 2.3.4 e 2.3.5, que também garantem o envio e a entrega das demandas de tráfego. Elas são repetidas nas equações 2.3.12 e 2.3.13 para facilitar a leitura desta seção. Essas restrições são semelhantes às encontradas na modelagem agregada para o VTD (RAMASWAMI; SIVARAJAN; SASAKI, 2009). Além da separação do tráfego por comprimento de onda e da normalização das variáveis, como foi comentado na

Seção 2.1.2, a interpretação das restrições é sutilmente diferente pois um par (i,j) representa um conjunto de ligações lógicas.

$$\sum_{jw} q_{vw}^{vj} = 1, \quad \forall v \qquad (2.3.12)$$

$$\sum_{iw} q_{sw}^{iv} - \sum_{jw} q_{sw}^{vj} = Q_{sv}, \quad \forall (s,v), \text{ com } s \neq v \qquad (2.3.13)$$

Cada par (i,j) é visto nas restrições de controle de fluxo como um único caminho, unindo todos os planos lógicos. Se o par representar na verdade múltiplas ligações lógicas, a diferença é que ele terá uma capacidade maior de receber tráfego, que é controlada pela Restrição 2.3.2. Deste modo, essas restrições funcionam da mesma forma que em (RAMASWAMI; SIVARAJAN, 1996). Portanto, são as restrições de conservação de fluxo que fazem a correlação ente os planos lógicos.

A Restrição 2.3.4 garante que todo o tráfego originado em cada nó v seja emitido para a rede, exigindo que a soma das frações de tráfego, em todos os planos lógicos, que iniciam na origem ($i = s = v$) seja igual a 1, ou seja, 100% do tráfego originado em v.

Por sua vez, a Restrição 2.3.5 garante que o tráfego emitido seja encaminhado através da rede e entregue no destino. Fixada uma origem de tráfego s, para cada nó intermediário v ($v \neq s$) a porção de tráfego que deve ser entregue é Q_{sv}. Ela é igual à soma do tráfego chegando por todos os planos lógicos w, vindo de qualquer nó intermediário i, subtraída da soma do tráfego partindo com destino a qualquer nó j, em qualquer plano w. O tráfego não entregue em v continua seguindo seu caminho pela rede até seu destino, e deste modo é feita rastreabilidade do tráfego até sua origem. Esta restrição apenas não garante que o tráfego seja emitido na origem, tarefa cumprida pela Restrição 2.3.4.

O tráfego pode ser subdividido e transportado simultaneamente por mais de uma ligação lógica entre o par (i,j), no plano w. Neste caso, como as rotas terão o mesmo comprimento de onda, eles não compartilham ligações físicas ao longo do percurso. Mas essas rotas podem ainda não ser disjuntas, pois é possível compartilharem nós intermediários.

2.4 Limitações da Forma Básica do TWA

Dada a forma agregada como é feito o roteamento dos comprimentos de onda e também pela forma implícita do tratamento de múltiplas ligações lógicas, sem separá-las em variáveis

2.4 Limitações da Forma Básica do TWA

de decisão próprias, algumas questões de menor complexidade não são decididas pelo TWA. Na solução provida pelo modelo, são alocados recursos suficiente para atender ao projeto, da forma mais econômica possível. Mas nem todos os detalhes da configuração da rede são determinados.

Como será mostrado nesta seção, essas omissões não prejudicam o projeto dentro do escopo adotado. Podendo essas questões não resolvidas serem tratadas em fases posteriores do projeto a partir da solução provida pelo modelo. Isso garante a simplicidade do TWA, permitindo uma modelagem com poucas restrições e variáveis.

Na lista a seguir são enumeradas as limitações da forma básica do TWA. Em seguida, cada uma será explicada e formas de tratá-las serão sugeridas.

1. Pode não haver uma forma única para configuração das rotas físicas em cada plano lógico.
2. Pode não ser possível saber com exatidão a distância percorrida pelo tráfego.
3. Não é modelada a exata divisão do tráfego entre múltiplas ligações lógicas.
4. Não é possível minimizar diretamente o congestionamento na forma básica do modelo.
5. Podem ocorrer ciclos nas rotas físicas.
6. Podem haver ligações físicas não utilizadas na solução.

Como o roteamento de comprimento de onda é feito de forma agregada, podem haver mais de uma possibilidade de configuração das rotas físicas em cada plano lógico. Na Figura 2.7, é mostrado um arranjo de componentes topológicos com duas possibilidades de interpretação. Necessariamente duas ligações lógicas no plano w passam transparentemente por v_4, enquanto uma nele termina. Ambas possibilidades de interpretação dos componentes são válidas, ou seja, o TWA não modela o exato percurso físico das ligações lógicas em cada plano. Todavia, isso não interfere na modelagem do restante do problema e não precisa ser resolvido nesta fase do projeto.

Como as rotas físicas podem não ser unicamente determinadas pela forma básica do TWA, não se pode determinar com exatidão a distância percorrida por cada rota. Consequentemente, o mesmo se aplica ao tráfego que for alocado em cada rota. Essa é a principal limitação do modelo básico, pois impede que o fator BL seja computado pelas restrições do modelo (AGRAWAL, 2002).

De posse da solução provida pelo TWA, as rotas que possuírem alternativas de configuração podem ser decididas levando-se em consideração outras métricas não abordadas aqui, como

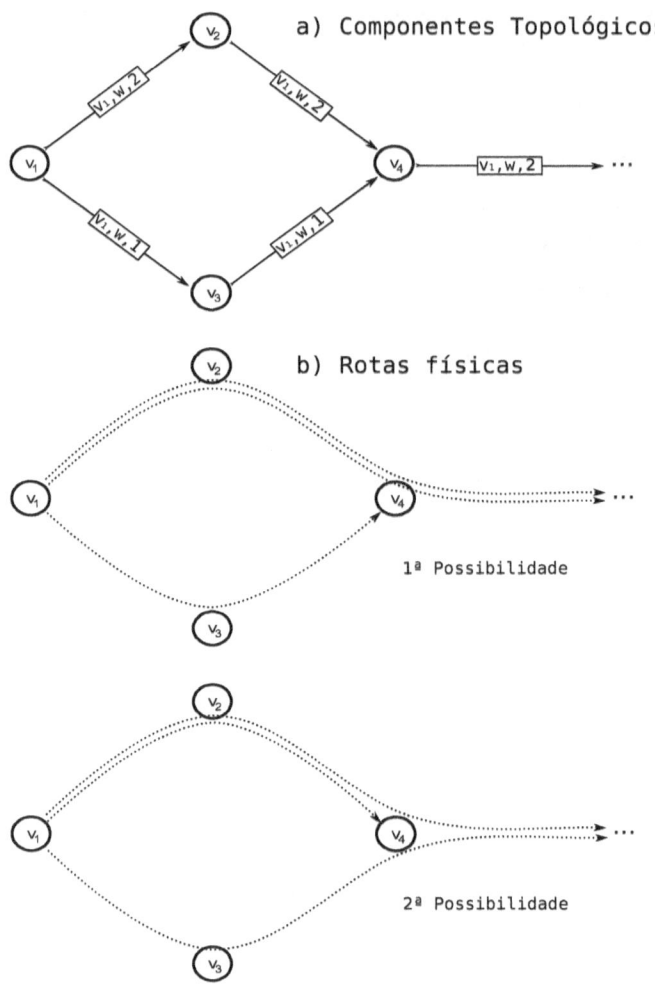

Figura 2.7: Duas possibilidades de interpretação dos componentes topológicos.

por exemplo o fator BL, que pondera tráfego com a distância percorrida sobre a topologia física. Esse tratamento seria feito para cada par (i,j) independente, sendo uma questão de baixa complexidade.

Outra questão a ser determinada envolve o fato de um par (i,j) poder representar múltiplas ligações lógicas. Sempre haverá banda suficiente para atender ao tráfego alocado respeitando à capacidade individual; isso é garantido pela Restrição 2.3.2. Todavia, na distribuição do tráfego, cada par (i,j) é visto como um único caminho e o tráfego é separado apenas por comprimento de onda. O tráfego pode ser subdividido e transportado simultaneamente por mais de uma ligação lógica entre o par (i,j) no plano w, sem compartilhar ligações físicas ao longo do percurso. Mas não fica definida a divisão de tráfego entre cada ligação.

2.4 Limitações da Forma Básica do TWA

A exata divisão do tráfego também pode ser definida em outra fase do projeto e não precisa ser modelada aqui. Todavia, seria razoável assumir que o tráfego fosse dividido igualmente entre as ligações, para não sobrecarregar uma em detrimento da outra. Ou poderia-se também aplicar o fator BL para fazer a divisão do tráfego considerando a distância percorrida. Novamente, essas situações são pontuais, resolvendo-se para cada par (i, j) individualmente sem demandar expressivo custo computacional.

Em virtude de não ser modelada a exata divisão do tráfego entre múltiplas ligações lógicas, não é possível minimizar diretamente o congestionamento (RAMASWAMI; SIVARAJAN; SASAKI, 2009). Mesmo supondo que o tráfego fosse divido igualmente entre as ligações, esse cálculo no modelo exigiria a divisão do tráfego pelo número de ligações. Este último é obtido dos componentes topológicos, portanto, esse cálculo não seria linear. Mas, a capacidade das ligações lógicas pode exercer o papel de limitante superior (*upper bound*) para o congestionamento. Conjuntamente com a minimização do tráfego na função objetivo, como foi comentado na Seção 2.2, temos uma boa abordagem para tratar do congestionamento, como foi demostrado em (ALMEIDA et al., 2006).

Na forma básica do modelo TWA, podem aparecer ciclos nas rotas físicas, pois não há esse controle no modelo básico. Isso poderia ser minimizado adicionando a soma de todos os componentes topológicos na função objetivo. Mas esses ciclos não interferem na modelagem e podem ser facilmente localizados e retirados analisando a solução obtida.

Por fim resta tratar da possibilidade da topologia física determinada pelos componentes topológicos poder ser superestimada na variável D_{mn}. A Restrição 2.3.3 apenas exige que a variável D_{mn} seja suficiente para atender aos componentes topológicos, mas permite que ela assuma valores maiores que o necessário. Todavia, esse possível excesso não interfere na consistência do que é modelado pelos componentes topológicos. Além disso, ele é controlado indiretamente minimizando a função objetivo, por meio do custo de instalação, e pode ainda ser tratado analisando a solução fornecida, extraindo os valores corretos diretamente dos componentes topológicos. A correção feita através da função objetivo funcionaria também com qualquer outra métrica diretamente relacionada com a variável D_{mn} que fosse minimizada.

3 Extensões ao Modelo Básico

Neste capítulo são apresentados outros casos de uso da modelagem TWA. Dada a abrangência da modelagem, diversas métricas podem ser controladas ou diretamente minimizadas, conforme a aplicação. Apresentamos agora como podem ser incluídos parâmetros de controle bem conhecidos, sendo que alguns deles serão utilizados nos experimentos computacionais das Seções 5.2 e 5.4.

Veremos, por exemplo, como incluir as restrições de controle do grau lógico dos nós e como usar o congestionamento como função objetivo, duas considerações comuns das modelagens de VTD (RAMASWAMI; SIVARAJAN; SASAKI, 2009). Serão mostradas também formas de controlar ou otimizar o número de comprimentos de onda, entre outras métricas normalmente vistas em modelos de RWA (ZANG; JUE; MUKHERJEE, 2000).

3.1 Topologia Física

A topologia física pode ser um dos dados de entrada do problema, fixando em D_{mn} os valores da rede existente, neste caso, diz-se que a topologia física é fixa, caso contrário, diz-se que a topologia física é variável. Neste caso, a função da restrição de controle da topologia física no modelo básico (2.3.3) seria limitar a multiplicidade física dos componentes topológicos B_{iw}^{mn}. Neste caso, se $D_{mn} = 0$ para um certo par (m,n), devem ser retiradas da instância do problema as variáveis B_{iw}^{mn} correspondentes. Isto deve ser considerado em todas as variáveis e restrições do modelo. Para facilitar a leitura desta seção, a Restrição 2.3.3 é repetida na equação 3.1.1.

$$\sum_i B_{iw}^{mn} \leqslant D_{mn}, \quad \forall (m,n,w) \tag{3.1.1}$$

Quando a topologia física é um dado de entrada, sendo H o número total de ligações físicas da rede, o número de variáveis binárias associadas aos componentes topológicos será $\Theta(N \cdot H \cdot W \cdot K)$. Pois o fator N^2 correspondente aos pares (m,n) é substituído por H. Supondo uma topologia física conexa, temos $H > N$, pois a topologia física conexa com o menor número de ligações físicas possível é um anel, que possui exatamente N nós (CORMEN et al., 2002). Entretanto, é razoável supor que $H < N^2$, pois $N^2 - N$ é o número de ligações em um grafo completo, e as redes na prática não chegam nem perto disso. Assim, o número de variáveis binárias do modelo TWA para uma topologia física como dado de entrada é $O(N^3 \cdot W \cdot K)$ e $o(N^2 \cdot W \cdot K)$, em notação assintótica.

Se a topologia física é variável, como foi comentado na Seção 2.4, a Restrição 2.3.3 permite que haja excessos na variável de topologia física D_{mn}, que são indiretamente controlados pela função objetivo do modelo básico. Se a variável de topologia física $D_{m,n}$ não for minimizada direta ou indiretamente na função objetivo, pode-se usar a equação 3.1.2 para anular as ligações físicas não utilizadas. Entretanto, quando houverem ligações físicas utilizadas entre o par (m,n), ainda seria possível que D_{mn} registre valores maiores que o necessário para atender aos componentes topológicos, conforme foi comentado na Seção 2.4 a respeito da Restrição 2.3.3. Mas, se D_{mn} não influencia na função objetivo, esse excesso poderá ser retirado analisando a solução obtida. Portanto, não seria necessário utilizar e equação 3.1.2 para manter a integridade da modelagem.

$$\sum_{i,w} B_{iw}^{mn} \geqslant D_{mn}, \quad \forall (m,n) \tag{3.1.2}$$

3.2 Grau Lógico e Multiplicidade de Ligações Lógicas

No modelo básico do TWA o número de ligações lógicas não é limitado, mas é controlado indiretamente pelos custos de instalação e pelo número de comprimentos de onda por ligação física, ou ainda, caso a topologia física seja um dado de entrada, pelo número de ligações físicas existentes. Caso se queira fazer esse controle diretamente, serão considerados os dados de entrada $Gout_v$ e Gin_v que representam, respectivamente, os graus lógicos de saída e entrada do nó v.

A fim de controlar o grau lógico, são necessárias duas restrições que devem ser adicionadas ao modelo básico: a Restrição 3.2.1 que controla o grau lógico de saída; e a Restrição 3.2.2 que controla o grau lógico de entrada. A Restrição 3.2.3 acrescenta a limitação da multiplicidade das ligações lógicas (Ml) ao modelo TWA, que é indiretamente limitada pelo grau lógico. Outra alternativa é controlar a multiplicidade das ligações lógicas por plano lógico (PMl), o que é feito pela Restrição 3.2.4. Essas restrições são aqui incluídas para oferecer compatibilidade com modelagens para o VTD, onde é usual fazer o controle do grau lógico e da multiplicidade de ligações (RAMASWAMI; SIVARAJAN, 1996).

Dados 2. *Constantes adicionais:*

1. $Gout_v = $ Grau Lógico de saída do nó v.

2. $Gin_v = $ Grau Lógico de entrada do nó v.

3. $Ml = $ Multiplicidade das Ligações Lógicas.

4. $PMl = $ Multiplicidade das Ligações Lógicas por Plano Lógico.

Restrições

- Controle do Grau lógico:

$$\sum_{wn} B_{vw}^{vn} \leqslant Gout_v, \quad \forall v \qquad (3.2.1)$$

$$\sum_{iwm} B_{iw}^{mv} - \sum_{iwn} B_{iw}^{vn} \leqslant Gin_v, \quad \forall v, i \neq v \qquad (3.2.2)$$

- Multiplicidade de Ligações Lógicas:

$$\sum_{wm} B_{iw}^{mv} - \sum_{wn} B_{iw}^{vn} \leqslant Ml, \quad \forall (i,v), i \neq v \qquad (3.2.3)$$

$$\sum_{m} B_{iw}^{mv} - \sum_{n} B_{iw}^{vn} \leqslant PMl, \quad \forall (i,v,w), i \neq v \qquad (3.2.4)$$

Cada ligação lógica partindo de um nó v está diretamente associada a um componente topológico em particular, no qual, o nó de origem das ligações lógicas (i) coincide como o nó de início do componente (m), ou seja, $i = m = v$. Para contabilizar a quantidade de ligações lógicas deixando o nó v, a restrição 3.2.1 soma todos os componentes topológicos com essa característica, em todos os planos lógicos.

Como o roteamento das ligações lógicas é agregado em relação à origem, determinar a quantidade de ligações lógicas incidentes em v é mais complexo. Na Seção 2.3.2, a equação 2.3.8 define o valor LL_{iv}^{w}, que é reescrito em 3.2.5; ele representa o número de ligações lógicas entre o par (i,v) no plano w. Para controlar o total de ligações que terminam em v vindas de qualquer i, em todos os planos lógicos, a Restrição 3.2.2 equivale à equação 3.2.6, que limita a soma de LL_{iv}^{w}, para todo i e w, pelo grau lógico de entrada.

3.2 Grau Lógico e Multiplicidade de Ligações Lógicas

$$LL_{iv}^w = \sum_m B_{iw}^{mv} - \sum_n B_{iw}^{vn} \geqslant 0, \quad \forall (i,v,w) \tag{3.2.5}$$

$$\sum_{iw} LL_{iv}^w \leqslant Gin_v, \quad \forall v, i \neq v \tag{3.2.6}$$

$$\sum_w LL_{iv}^w \leqslant Ml, \quad \forall (i,v), i \neq v \tag{3.2.7}$$

De modo similar ao que foi feito para controlar o grau lógico de entrada, mas desta vez fixando a origem i, a equação 3.2.7 é equivalente à Restrição 3.2.3. Ela representa a soma LL_{iv}^w em relação à w, ou seja, as ligações lógicas entre o par (i,v) em todos os planos lógicos. Para que não haja multiplicidade nas ligações lógicas, basta fazer $Ml = 1$. Analogamente, a Restrição 3.2.4 apenas limita LL_{iv}^w, controlando a multiplicidade de ligações em cada plano lógico.

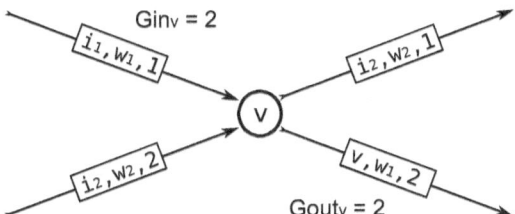

Figura 3.1: Exemplo com Grau Lógico de Entrada e Saída iguais.

A Figura 3.1 apresenta um exemplo onde o nó v tem grau lógico de entrada e saída iguais a 2. Dentre os componentes que partem de v, um deles compõe uma ligação lógica iniciada em i_2, que não está representado na figura, bem como o destino desta ligação, que passa transparentemente por v. Apenas um componente com valor 2 inicia ligações lógicas em v, por isso $Gout_v = 2$. Por sua vez, 2 componentes incidem em v trasportando ligações lógicas iniciadas em i_1 e i_2, cuja soma é 3, mas como uma passa transparentemente vindo de i_2, então $Gin_v = 2$. Os componentes que incidem em v pertencem a dois planos lógicos (w_1 e w_2), assim como os que nele se iniciam. Mas v possui duas ligações lógicas de entrada em planos distintos, e as de saída todas no plano w_1. Ainda nesta figura, a multiplicidade de ligações lógicas (Ml) entre o par (i_1, v) é 1, e entre o par (i_2, v) também. Consequentemente, a multiplicidade por plano desses pares (PMl) também é 1.

3.3 Minimização do Congestionamento

O caso de uso apresentado nesta seção, mostra que é possível minimizar diretamente o congestionamento nesta modelagem, pois esta é uma bem conhecida métrica para o VTD. Todavia, uma abordagem mais eficiente é a simples limitação do congestionamento, minimizando outra métrica, de modo a deixar o modelo mais tratável (ALMEIDA et al., 2006), como foi usado na forma básica do modelo TWA.

3.3.1 Mantendo a Multiplicidade de Ligações Lógicas

Como foi comentado na Seção 2, a multiplicidade das ligações lógicas fica implícita nas variáveis de distribuição de tráfego (q_{sw}^{ij}). Deste modo, não é possível minimizar diretamente o tráfego em cada ligação lógica, o congestionamento. Para minimizá-lo mantendo esta multiplicidade, são necessárias novas variáveis para contabilizar o tráfego em cada canal. Para enumerar as ligações lógicas entre um par (i, j) são definidos a seguir o índice r e as variáveis de fração de tráfego f_{ij}^r e ligação lógica F_{ij}^r.

Notação 2. *O índice $r \in \{1, \cdots, CapLog_{ij}\}$ enumera os possíveis múltiplos canais lógicos entre o par (i, j), onde $CapLog_{ij}$ é o menor valor entre $Gout_i$ e Gin_j.*

Variável 3.3.1. *Fração de Tráfego $= f_{ij}^r \in [0, 1]$: variável contínua.*

Variável 3.3.2. *Ligação Lógica $= F_{ij}^r \in \{0, 1\}$: variável binária.*

Variável 3.3.3. *F_{max} = Congestionamento, fração de tráfego na ligação lógica mais carregada da rede.*

A aqui optou-se por limitar o índice r em função do grau lógico, pois este é um controle comum nos trabalhos que tratam do congestionamento (KRISHNASWAMY; SIVARAJAN, 2001; RAMASWAMI; SIVARAJAN; SASAKI, 2009). Consequentemente, para controlar o grau lógico, também serão necessárias as Restrições 3.2.2 e 3.2.1 da seção anterior. O congestionamento é definido na variável F_{max} (Variável 3.3.3). Supondo que $Gout_v = Gin_v = G$ para todo v, ou seja, a rede possui grau lógico uniforme, o número de variáveis binárias adicionadas ao modelo seria $N^2 \cdot G$, idem para variáveis contínuas. Supondo ainda que $G < N$, o que é bem razoável, não haveria alteração no número de variáveis do modelo básico, assintoticamente.

Todavia, no lugar do grau lógico, outro controle poderia ser usado se for conveniente, como a multiplicidade de ligações lógicas (Ml), definida na seção anterior. Mas deve-se tomar cuidado nessa escolha, pois o controle usado influencia diretamente na quantidade e variáveis que serão adicionadas ao modelo, podendo ultrapassar a ordem de grandeza do número de variáveis na forma básica do TWA.

A seguir estão relacionadas as restrições necessárias para o controle do congestionamento, que é feito pela Função Objetivo abaixo:

Função Objetivo

- Congestionamento

$$\text{Minimize:} \quad F_{max} \quad (3.3.1)$$

Restrições

- Ligações Lógicas

$$\sum_{wm} B_{iw}^{mv} - \sum_{wn} B_{iw}^{vn} = \sum_{r} F_{iv}^{r}, \quad \forall (i,v), \text{com } i \neq v. \quad (3.3.2)$$

- Controle do Tráfego em cada Ligação Lógica

$$F_{ij}^{r} \geqslant f_{ij}^{r}, \quad \forall (i,j,r). \quad (3.3.3)$$

$$\sum_{sw} q_{sw}^{ij} \cdot A_s = Cap \cdot \left(\sum_{r} f_{ij}^{r} \right), \quad \forall (i,j). \quad (3.3.4)$$

- Congestionamento

$$F_{max} \geqslant f_{ij}^{r}, \quad \forall (i,j,r). \quad (3.3.5)$$

A Restrição 3.3.2 determina as ligações lógicas F_{ij}^{r} em termos dos componentes topológicos. Semelhante à Restrição 3.2.3 da seção anterior, que limita a multiplicidade de ligações lógicas entre os pares (i,v), a Restrição 3.3.2 iguala esse valor à soma das variáveis binárias F_{ij}^{r} associadas a esse par. Deste modo haverá $F_{ij}^{r} \neq 0$ em quantidade igual a multiplicidade de ligações entre o par (i,v). Assim, a Restrição 3.3.2 é equivalente à equação 3.3.6. A forma desta equação é uma maneira conhecida de se associar números inteiros à variáveis binárias (CORMEN et al., 2002).

$$\sum_{w} LL_{iv}^{w} = \sum_{r} F_{iv}^{r}, \quad \forall (i,v), i \neq v \quad (3.3.6)$$

3.3 Minimização do Congestionamento

A fração de tráfego f_{ij}^{r} (Variável 3.3.1) é semelhante a Variável 2.1.2 (fração de fluxo - q_{sw}^{ij}), com a diferença de que a Variável 3.3.1 separa o fluxo por canal, e a outra considerava todos como um único caminho. Para associar tráfego às ligações lógicas, a Restrição 3.3.3 define a fração do tráfego em cada ligação, limitada pela existência do canal. Se não não há uma ligação associada a um determinado índice r, não haverá tráfego nessa ligação.

A Restrição 3.3.4, em conjunto com a a restrição de limitação de capacidade do modelo básico do TWA (Restrição 2.3.2), garante equivalência entre o tráfego que é alocado nas variáveis q_{sw}^{ij} e o é que distribuído nas variáveis f_{ij}^{r}. A Restrição 2.3.2 é repetida na equação 3.3.7 para facilitar a compreensão desse relacionamento. As variáveis q_{sw}^{ij} é quem de fato fazem o roteamento do tráfego pela rede, levando as demandas de tráfego da origem até seu destino. As variáveis f_{ij}^{r} apenas separam o tráfego nas múltiplas ligações lógicas entre o par (i,j), sem informação sobre origem ou destino. Essa função não é exercida pelas variáveis q_{sw}^{ij}, mas é indispensável para o controle do congestionamento. A Restrição 3.3.4 apenas garante que todo o tráfego roteado pela rede foi distribuído nas ligações lógicas independentemente, e vice-verça.

Como a variável f_{ij}^{r} é limitada pela existência da ligação lógica F_{iv}^{r} na Restrição 3.3.3, o tráfego separado nas ligações lógicas entre o par (i,v) também é limitado pela multiplicidade de ligações entre esse par. Isso é mostrado na equação 3.3.8. Portanto, esse tráfego também é limitado pela capacidade combinada dessas ligações, como mostra a equação 3.3.9, cujo lado direito da desigualdade é igual ao da Restrição de limitação de capacidade do modelo básico do TWA (Restrição 2.3.2).

$$\sum_{s} q_{sw}^{iv} \cdot A_s \leqslant Cap \cdot \left(\sum_{m} B_{iw}^{mv} - \sum_{n} B_{iw}^{vn} \right), \quad \forall (i,v,w), \text{ com } i \neq v \qquad (3.3.7)$$

$$\sum_{w} LL_{iv}^{w} \geqslant \sum_{r} f_{iv}^{r}, \quad \forall (i,v), i \neq v \qquad (3.3.8)$$

$$Cap \cdot \left(\sum_{r} f_{ij}^{r} \right) \leqslant Cap \cdot \left(\sum_{w} LL_{iv}^{w} \right), \quad \forall (i,v), i \neq v \qquad (3.3.9)$$

Por fim, o congestionamento (F_{max}) é definido na Restrição 3.3.5 em termos das frações de tráfego f_{iv}^{r}, como o tráfego na ligação lógica mais carregada. Deste modo, a Função Objetivo 3.3.1 agora consiste em minimizar F_{max}, substituindo a função objetivo do modelo básico.

3.3.2 Perdendo Multiplicidade de Ligações Lógicas

Uma forma alternativa, e bem mais simples, para se minimizar diretamente o congestionamento é adotando a Restrição 3.2.3, de controle da multiplicidade de ligações, com $Ml = 1$. Todavia, perde-se assim a capacidade de se obter soluções com ligações lógicas múltiplas. Mas, a vantagem é que pode-se minimizar o congestionamento adotando apenas a Restrição 3.3.10 a seguir, além da Variável 3.3.3 e a Função Objetivo 3.3.1, definidas acima.

A Restrição 3.3.10 define o congestionamento da mesma forma que a restrição 3.3.5 o fez acima. Mas desta vez isto é feito diretamente sobre as frações de fluxo q_{sw}^{ij}, somando todo o tráfego que passa pela ligação lógica (i, j), onde agora não há multiplicidade. Deste modo, o tráfego em cada (i, j) estará apenas em um plano lógico.

Restrição

- Congestionamento:

$$F_{max} \geqslant \sum_{sw} q_{sw}^{ij} \cdot A_s, \quad \forall (i,j) \qquad (3.3.10)$$

Uma terceira forma para se controlar diretamente o congestionamento é adotando a Restrição 3.2.4, de controle da multiplicidade de ligações por plano lógico, com $PMl = 1$. Deste modo perde-se apenas a multiplicidade de ligações em cada plano, mas ainda pode haver W ligações múltiplas para cada par (i, j). Assim, pode-se minimizar o congestionamento adotando apenas a Restrição 3.3.11 a seguir, além da Variável 3.3.3 e a Função Objetivo 3.3.1, definidas acima.

Restrição

- Congestionamento:

$$F_{max} \geqslant \sum_{s} q_{sw}^{ij} \cdot A_s, \quad \forall (i,j,w) \qquad (3.3.11)$$

A Restrição 3.3.11 define o congestionamento da mesma forma que a restrição 3.3.10 o fez. Mas desta vez, o tráfego é separado por comprimento de onda, como na Restrição 2.3.2 de limitação de capacidade no modelo básico. Deste modo, o tráfego em cada (i, j) poderá estar em todos os planos lógicos, mas sem multiplicidade em cada um.

3.4 Máximo de Rotas em cada Ligação Física

Um controle muito usado nas modelagens de RWA (ZANG; JUE; MUKHERJEE, 2000; JAUMARD; MEYER; THIONGANE, 2004), é o número máximo de ligações lógicas passando por cada ligação física (L - Variável 3.4.1). Ele limita a densidade da multiplexação de comprimentos de onda por ligação física, um importante aspecto de Redes Ópticas WDM (RAMAMURTHY et al., 1999). Portanto, $L \leqslant W$, pois cada ligação lógica corresponde a um comprimento de onda em uma ligação física.

A variável L pode ser minimizada diretamente na Função Objetivo 3.4.1 ou, caso seja fixada, ela pode ser usada como limite superior em cada ligação física. Neste caso, se não há multiplicidade de ligações na topopologia física, a limitação do número de ligações é feita pela Restrição 3.4.2. Caso contrário, a Restrição 3.4.3 pode ser usada, mas essa limitação não afetará cada ligação física independentemente, pois será apenas uma limitação da capacidade combinada das múltiplas ligações físicas entre o par m,n.

Estas restrições limitam indiretamente a capacidade dos nós realizarem ligações lógicas. Pois, dentre as ligações lógicas que chegam por uma ligação física de entrada, por exemplo, uma parte irá passar transparentemente. Então, a quantidade de ligações lógicas incidentes por esta fibra também está limitada por L. Analogamente, isso se estende para todas as ligações físicas de entrada e saída.

Variável 3.4.1. $L = $ *Número máximo de ligações lógicas em cada ligação física, $L \leqslant W$.*

Função Objetivo

- Máximo de Ligações Lógicas em Cada Ligação Física

$$\text{Minimize:} \quad L \tag{3.4.1}$$

Restrição

- Ligações Lógicas em Cada Ligação Física:

$$\sum_{iw} B_{iw}^{mn} \leqslant L, \quad \forall (m,n), \text{ com } K = 1 \tag{3.4.2}$$

$$\sum_{iw} B_{iw}^{mn} \leqslant L \cdot D_{mn}, \quad \forall (m,n) \tag{3.4.3}$$

3.5 Número de Saltos Físicos

Uma métrica importante para o projeto de redes ópticas é o número de saltos físicos da topologia (ZANG; JUE; MUKHERJEE, 2000). Este valor é minimizado na Função Objetivo 3.5.1, através da soma de todos os componentes topológicos, pois cada componente topológico representa um salto físico. Uma propriedade importante desta abordagem é que ela evita o aparecimento de ciclos na topologia. O ideal seria minimizar a distância percorrida por cada ligação lógica, o que promoveria um controle mais eficiente da degradação do sinal óptico (RAMASWAMI; SIVARAJAN; SASAKI, 2009). Minimizar o número total de saltos pode ser adotado por uma questão de compatibilidade com outros modelos, como os resultados encontrados em (ASSIS; WALDMAN, 2004), que serão usados na comparação dos experimentos computacionais do Capítulo 5.2.

Função Objetivo

- Número de Saltos Físicos

$$\text{Minimize:} \quad \sum_{imnw} B_{iw}^{mn} = S \tag{3.5.1}$$

3.6 Minimização do Número de Comprimentos de Onda

Um objetivo comum nas modelagens do RWA é minimizar o número de comprimentos de onda utilizados na rede (ZANG; JUE; MUKHERJEE, 2000; JAUMARD; MEYER; THIONGANE, 2004). Esse número, na forma básica do TWA, é um dos dados que definem uma instância do modelo, deixando uma quantidade W de comprimentos de onda disponíveis para serem usados. Nesta seção é introduzida a possibilidade de minimizar diretamente a quantidade que será utilizada.

Abaixo estão as definições necessárias para o controle do número de comprimentos de onda e a Restrição 3.6.2, que deve ser adicionada ao modelo básico para esse fim. A seguir, na Subseção 3.6.1, está uma adaptação da Restrição 3.6.2 para o caso da topologia física ser um dos dados de entrada do problema.

Mais uma vez, isso é feito para oferecer compatibilidade com outras modelagens da literatura (ZANG; JUE; MUKHERJEE, 2000). Todavia, uma abordagem diferente foi utilizada para o mesmo objetivo nos experimentos computacionais do Capítulo 5.

3.6 Minimização do Número de Comprimentos de Onda

Variável 3.6.1. *Seja $Q_w \in \{0,1\}$, com $w \in \{1,..,W\}$. $Q_w = 1$ se o comprimento de onda w é utilizado na rede e $Q_w = 0$ caso contrário.*

Função Objetivo

- Número de Comprimentos de Onda:

$$\text{Minimize:} \quad \sum_w Q_w \tag{3.6.1}$$

Restrição

- Número de Comprimentos de Onda:

$$\sum_{vn} B_{vw}^{vn} \leqslant K \cdot (N^2 - N) \cdot Q_w, \quad \forall w. \tag{3.6.2}$$

Se em um plano lógico w há uma rota física ou mais. Cada uma destas é facilmente associada ao primeiro componente em seu percurso, dada a agregação utilizada no roteamento dos comprimentos de onda. Uma ligação lógica neste plano, iniciada em v, está associada a um componente da forma B_{vw}^{vn}, para algum n. Ou seja, se algum desses componentes for não nulo, então o comprimento de onda w foi utilizado. Isso pode ser determinado pela soma desses componentes, como está expresso na equação 3.6.3.

$$\sum_{vn} B_{vw}^{vn} \neq 0 \iff Q_w = 1 \tag{3.6.3}$$

Para descrever essa situação na forma de uma restrição linear, é necessário apenas garantir que $Q_w = 1$ quando w for utilizado. Pois, como Q_w será minimizado, casos em que $Q_w = 1$, sem nada que o exija na modelagem, serão evitados pela função objetivo. Assim, é necessário modelar apenas a equação 3.6.4. Isso é feito com uma equação da forma 3.6.5, onde H pode ser qualquer fator positivo, que seja sempre maior ou igual ao somatório à esquerda da desigualdade. Um valor mais adequado para o fator H é o número máximo que o somatório pode assumir. Esse valor é $K \cdot (N^2 - N)$, pois existem $N^2 - N$ combinações possíveis para o par (v,n), e cada uma pode estar associada à K ligações físicas paralelas. Em fim, substituindo H na equação 3.6.5 chegamos à Restrição 3.6.2.

$$\sum_{vn} B_{vw}^{vn} \neq 0 \Longrightarrow Q_w = 1 \tag{3.6.4}$$

$$\sum_{vn} B_{vw}^{vn} \leqslant H \cdot Q_w, \quad \forall w. \tag{3.6.5}$$

Para minimizar diretamente o número de comprimentos de onda utilizados na rede, basta usar a soma de todas as variáveis Q_w (Variável 3.6.1) na Função Objetivo 3.6.1.

3.6.1 Topologia Física Fixa

Se a topologia física é fixa, há uma forma alternativa para se modelar Q_w, que reaproveita uma das restrições do modelo TWA. Assim, evita-se acrescentar a Restrição 3.6.2 ao modelo, deixando-o mais conciso. Se a variável de topologia física D_{mn} (Seção 2.1.3) for fixada, podemos multiplicá-la por Q_w na Restrição 2.3.3 do modelo básico, sem prejudicar a função original da restrição, e obter o mesmo efeito da Restrição 3.6.2. Com a diferença que agora está separada por par (m,n) e o fator H foi substituído por D_{mn}. Deste modo, se a topologia física é um dado de entrada, a Restrição 3.6.6 deve substituir a equação 2.3.3 do modelo original, e a Restrição 3.6.2 não será necessária.

Restrição

- Número de Comprimentos de Onda:

$$\sum_i B_{iw}^{mn} \leqslant Q_w \cdot D_{mn}, \quad \forall (m,n,w). \tag{3.6.6}$$

3.7 Conversão entre Comprimentos de Onda

Outro cenário comum nas modelagens para o RWA é a possibilidade de conversão do comprimento de onda ao longo da rota física. Há duas formas mais comuns de se tratar essa abordagem: ou um nó possui capacidade total de conversão (ZANG; JUE; MUKHERJEE, 2000; JAUMARD; MEYER; THIONGANE, 2004; TORNATORE; MAIER; PATTAVINA, 2007b) e todas as ligações lógicas passando por ele podem mudar de comprimento de onda; ou há uma quantidade limitada de conversões (RAMASWAMI; SASAKI, 1998; ASSIS; WALDMAN, 2004). O primeiro método é apenas um caso particular do segundo, mas será tratado aqui um caso mais geral, em que cada nó pode fazer uma quantidade variável de conversões. Deste modo, será oferecida a possibilidade de controlar o número de conversões realizadas no projeto.

A conversão entre comprimentos de onda também será feita de modo agregado, mas neste caso não será em relação à origem. As conversões serão agregadas com relação ao comprimento de onda de destino na conversão.

Na separação da topologia lógica por comprimento de onda, introduzida na Seção 2.3.1, se uma rota física, que se iniciou em um plano w_1, for convertida para um comprimento de onda w_2 em um nó intermediário v, seu percurso nesse plano será interrompido em v, continuando a partir dele no plano w_2. Todavia, da forma como será modelado, se uma rota sofrer conversão entre comprimentos de onda, não será conhecido explicitamente em qual plano essa rota iniciou seu trajeto, pois será controlado apenas quantas conversões cada plano lógico está recebendo. As restrições propostas é que deverão garantir que haja tal conservação do trajeto entre os planos. Portanto, não será modelada a conversão diretamente, mas apenas o desvio da rota e a conservação dos percursos. Como cada desvio corresponde univocamente a uma conversão entre comprimentos de onda, o número de desvios equivale a quantidade de conversões.

No Conjunto de Dados 3 são definidas as limitações que serão impostas às conversões, e na Variável 3.7.1, é definida a forma como serão registrados os desvios. Em seguida essas definições serão justificadas. Depois são apresentadas as restrições que modelam as conversões.

Dados 3. *Constantes adicionais:*

- $TCON_v = $ *Máximo de conversões que podem ocorrer em v.*

- $CON_v = $ *Máximo de conversões que podem ocorrer em v para um mesmo comprimento de onda. Se topologia física D_{mn} é um dos dados de entrada do problema, $CON_v \leqslant \sum_n D_{vn}$. Além disso, CON_v não pode ultrapassar $TCON_v$.*

Variável 3.7.1. *Em um nó intermediário v, o número de rotas iniciadas em i que são desviadas para o plano w é $x_{iv}^w \in \{0, \cdots, CON_v\}$, com $i \neq v$.*

Em cada ligação física só pode passar uma ligação lógica utilizando cada comprimento de onda. Assim, em um nó v, o número de rotas que são desviadas para o plano w é limitado pela quantidade de ligações físicas saindo de v. Esse limite é chamado de grau físico de saída de v ($GFout_v$), e definie o escopo da Variável 3.7.1 (x_{iv}^w). Ela guarda o número de desvios em v destinados ao plano w, das rotas com origem i. Na Figura 3.2 há uma representação gráfica de duas possibilidades para a configuração de uma conversão.

Como x_{iv}^w é uma variável inteira, para não prejudicar a eficiência do modelo, convém adotar um valor tão pequeno quanto possível para seu domínio. Pois quanto maior o domínio de uma variável inteira, maior será o número de variáveis binárias associadas a ela. Por esse motivo, ao invés de definir o domínio de x_{iv}^w pelo seu limite natural ($GFout_v$), adotou-se a constante

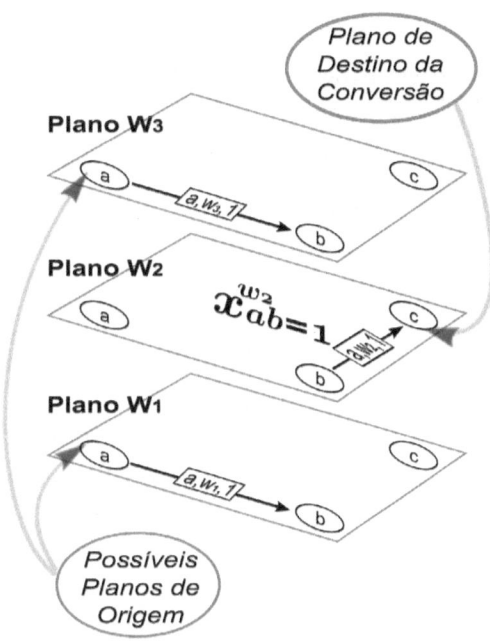

Figura 3.2: Possibilidades de desviar uma Rota

CON_v, que pode ser menor que $GFout_v$. Se não for limitado, o limite teórico para $GFout_v$ é $K \cdot (N-1)$, o número de nós que podem ser destino de ligações físicas saindo de v multiplicado pela multiplicidade física máxima K.

Restrições

- Continuidade e Desvio de Comprimentos de Onda:

$$\sum_m B_{iw}^{mv} \geqslant \sum_n B_{iw}^{vn} - x_{iv}^w, \quad \forall (i,v,w), \text{ com } i \neq v \tag{3.7.1}$$

- Conservação Geral das Rotas Físicas e Tráfego:

$$\sum_{sw} q_{sw}^{iv} \cdot A_s \leqslant Cap \cdot \left(\sum_{mw} B_{iw}^{mv} - \sum_{nw} B_{iw}^{vn} \right), \quad \forall (i,v), \text{ com } i \neq v \tag{3.7.2}$$

- Controle das Conversões:

$$\sum_i x_{iv}^w \leqslant \sum_n D_{vn}, \quad \forall (v,w) \tag{3.7.3}$$

- Limitação das Conversões:

$$\sum_{iw} x_{iv}^w \leqslant TCON_v, \quad \forall v \tag{3.7.4}$$

$$\sum_i x_{iv}^w \leqslant CON_v, \quad \forall (v,w) \tag{3.7.5}$$

A Restrição 2.3.2 do modelo básico é substituída, pelas restrições 3.7.1 e 3.7.2 acima. Dentre estas duas, a primeira assume a função de conservação dos comprimentos de onda ao longo das rotas, além de controlar os desvios de plano, que correspondem às conversões de comprimento de onda. A segunda assume as funções de conservação geral das rotas entre os pares (i,v) e limitação da capacidade de tráfego.

A restrição 3.7.3 limita o número de desvios pelo que a topologia física é capaz de prover. Mas, como será visto a seguir, esta restrição só é necessária quando a topologia física é variável. Pois se ela for fixa, a Restrição 3.7.3 é satisfeita pela Restrição 3.7.5. As Restrições 3.7.4 e 3.7.5 aplicam os limites $TCON_v$ e CON_v, sendo ambos opcionais; dispensáveis à modelagem, se a topologia física é livre. Por exemplo, elas poderiam ser substituídas pela adição da soma de todas as conversões na função objetivo do modelo básico. Pois a quantidade de conversões também influencia no dimensionamento dos nós.

Como pode haver mais de uma maneira de se configurar as rotas físicas no TWA, analogamente, o mesmo se aplica às conversões. Mas isso também pode ser decidido em fases posteriores do projeto, levando em consideração outros fatores, como a distância percorrida ou o fator BL.

Quando a topologia física é variável, se não for necessário usar o controle provido por CON_v, a Restrição 3.7.5 pode ser omitida. Apesar de CON_v ser o limite de cada variável x_{iv}^w, esse limite é compartilhado por todas as rotas desviadas para w em v, independente da origem i. Por isso, a Restrição 3.7.5, agregando x_{iv}^w pela origem i, atuaria apenas como um plano de corte para as variáveis x_{iv}^w.

Na Restrição 3.7.3, o lado esquerdo da desigualdade é o mesmo da Restrição 3.7.5, e o direito equivale à $GFout_v$. Portanto sua função é fazer valer $GFout_v$, pois seria razoável permitir que ele pudesse ser menor que CON_v em alguns nós. Pois CON_v pode ser definido com um valor uniforme para toda a rede. Mas se a topologia física for fixa, $GFout_v$ já é determinado ($GFout_v = \sum_n D_{vn}$). Portanto a restrição 3.7.3 é satisfeita pela Restrição 3.7.5, que a substitui. Neste caso, a Restrição 3.7.5 torna-se obrigatória.

Por sua vez, a Restrição 3.7.4 controla o total de conversões em cada nó, independentemente. Ela não é necessária à modelagem, mas oferecer o controle provido por ela é o objetivo desta seção.

Na Figura 3.3 está uma situação onde ocorre uma conversão. Pois o valor do componente topológico que deixa o nó v, roteando duas ligações lógicas com origem em i, supera o valor dos componentes incidentes em v, com origem i e o mesmo comprimento de onda w_2. Adicionalmente, há duas liga lógicas também iniciadas em i, chegando em v com comprimento de onda w_1, mas nenhuma seguindo adiante. Portanto, uma ligação lógica chegando em v pelo plano w_1 é convertida, seguindo seu percurso no plano w_2.

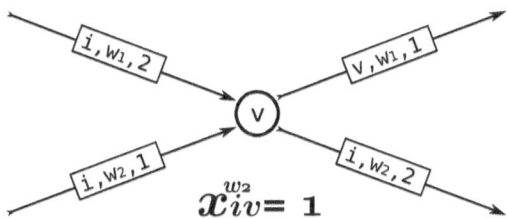

Figura 3.3: Continuidade das Rotas com Desvio

Nesse exemplo, não há conservação das rotas físicas por comprimento de onda, pois não satisfaz a equação 2.3.7 (repetida na equação 3.7.6), cuja validade foi mostrada na Seção 2.3.2. Todavia, se ao invés de manter a conservação separada nos planos lógicos, essa equação fosse agregada para todos os valores de w, a conservação dos percursos com origem em i estaria mantida, ignorando a conservação dos comprimentos de onda. Essa forma agregada da conservação dos percursos é feita pela equação 3.7.7, e permite que qualquer rota física mude livremente de comprimento de onda ao longo do percurso.

$$\sum_n B_{iw}^{vn} \leqslant \sum_m B_{iw}^{mv}, \quad \forall (i,v,w) \qquad (3.7.6)$$

$$\sum_{nw} B_{iw}^{vn} \leqslant \sum_{mw} B_{iw}^{mv}, \quad \forall (i,v) \qquad (3.7.7)$$

Se o objetivo fosse dotar todos os nós com capacidade total de conversão, a equação 3.7.7 cumpriria esse papel, mas também seria necessário agregar por comprimento de onda a Restrição 2.3.2 do modelo básico, para reunir o tráfego que é separado nos planos lógicos. A Restrição 3.7.2 corresponde a Restrição 2.3.2 agregada por comprimento de onda, assumindo suas funções, exceto no que diz respeito a conservação do comprimento de onda ao longo da rota física. A Restrição 3.7.2 substitui a versão do modelo básico, mas exige que outra restrição cuide da conservação dos comprimentos de onda. O que é feito pela Restrição 3.7.1.

Com o tráfego agregado por comprimento de onda, o fator LL_{iv}^w (Seção 2.3.2) perde seu significado. Agora só importa o número de ligações lógicas entre o par (i,v) considerando todos os comprimentos de onda. Pois a conservação dos percursos não é mais separada por

3.7 Conversão entre Comprimentos de Onda

plano lógico.

Voltando à equação 3.7.6, como foi comentado acima, ela pode não ser válida se ocorrerem desvios de plano em v. Portanto, é preciso corrigi-la, pois ainda é necessário que haja conservação dos comprimentos de onda nas rotas que não são desviadas. Isso é feito retirando de 3.7.6 os componentes em excesso, partindo de v. A soma dos componentes a serem retirados é igual ao número de desvios em v para o plano w, de rotas originadas em i, ou seja, exatamente x_{iv}^{w}. Para cancelar esses componentes em 3.7.6, basta subtrair x_{iv}^{w} no lado esquerdo da desigualdade, o que equivale a Restrição 3.7.1.

4 Limites Inferiores

Nos trabalhos encontrados na literatura, no que diz respeito ao congestionamento, encontrar boas soluções é uma tarefa fácil para heurísticas (SKORIN-KAPOV; KOS, 2005). Todavia, o cálculo de limites inferiores (*lower bounds* - LB) que garantam essa qualidade tem elevado custo computacional, sendo esta a parte mais difícil dessa abordagem (KRISHNASWAMY; SIVARAJAN, 2001). Apresentamos na seção a seguir uma nova técnica para a obtenção de *lower bounds* para o congestionamento. Ela é uma formula de cálculo direto, que denominamos *Minimum Traffic Bound* (MTB), fornecendo um LB de alta qualidade para o congestionamento, com custo computacional muito pequeno, cuja eficiência contrasta com as opções encontradas na literatura (RAMASWAMI; SIVARAJAN, 1996).

4.1 MTB - Limite Inferior para o Congestionamento

Para determinar um LB para o congestionamento, precisamos estimar qual é o mínimo de tráfego que pode ser designado a cada ligação lógica da rede. Não há uma resposta direta, mas podemos fazer uma estimativa olhando cada nó independentemente. Na melhor das hipóteses, todo o tráfego que passa pelas ligações lógicas iniciadas em um nó v é composto exclusivamente por demandas de tráfego também originadas neste mesmo nó. Analogamente, o tráfego nas ligações lógicas incidentes em v seria composto por demandas destinadas a ele. Esses são os menores valores possíveis, considerando que todo o tráfego da rede será devidamente enviado e recebido.

Assim, dividindo todo o tráfego originado em v pelo número de ligações lógicas nele iniciadas, temos uma estimativa do menor tráfego possível nessas ligações lógicas. Analogamente, uma estimativa pode ser feita para o tráfego destinado a v nas ligações lógicas nele incidentes. Extrapolando isso para toda a rede, a maior dentre essas estimativas seria uma boa candidata a limite inferior para o congestionamento. Isto porque não é possível que um nó envie menos tráfego do que a soma das demandas originadas nele. E analogamente, não é possível que um nó receba menos tráfego do que o destinado a ele. O MTB é assim definido como o mínimo dos valores calculados nas equações do conjunto de Dados 4 a seguir.

Para estabelecer o MTB, consideraremos apenas o número de ligações lógicas iniciando ou terminando em cada nó da rede. Nas modelagens para o VTD, essa é toda a informação disponível sobre a topologia lógica da rede. Mas em modelagens mais abrangentes, como o TWA, isso pode não ser um dado de entrada.

Dados 4. *Sejam α_v o número de ligações lógicas originadas em um nó v e β_v o número de ligações lógicas incidentes em v. Deste modo:*

1. $\Theta_v = \sum_d P_{vd}/\alpha_v$

2. $\Gamma_v = \sum_s P_{sv}/\beta_v$

3. $MTB = \max_v\{\Theta_v, \Gamma_v\}$

As estimativas comentadas acima, para o tráfego mínimo saindo e chegando em cada ligação lógica incidente ou originada em v, são Θ_v e Γ_v, respectivamente. Por sua vez, o MTB é definido como o máximo entre as estimativas Θ_v e Γ_v. O teorema a seguir garante que o MTB é um LB para o congestionamento. Em sua demonstração será necessária a proposição abaixo.

Proposição 1. *Seja $\Phi_{v_1 v_2}$ o tráfego em uma ligação lógica (v_1, v_2). Dada uma topologia lógica qualquer, sobre a qual foi distribuído o tráfego, tem-se que:*

$$(\forall v)(\exists v_1), \text{ tal que,} \quad \alpha_v \neq 0 \implies \Phi_{v v_1} \geqslant \Theta_v \tag{4.1.1}$$

$$(\forall v)(\exists v_2), \text{ tal que,} \quad \beta_v \neq 0 \implies \Phi_{v_2 v} \geqslant \Gamma_v \tag{4.1.2}$$

Demonstração. Será provado a seguir que a afirmação em 4.1.1 é verdadeira.

Seja Ψ_v a soma de todo o tráfego nas ligações lógicas iniciadas em v. O mínimo tráfego que v pode originar, considerando todas as ligações lógicas iniciadas nele, é composto pelas demandas de tráfego com origem em v, ou seja, $\sum_d P_{vd}$. Considerando que algum tráfego possa ser retransmitido através de v, após ser processado eletronicamente, conclui-se que:

$$\Psi_v \geqslant \sum_d P_{vd} \tag{4.1.3}$$

4.1 MTB - Limite Inferior para o Congestionamento

Seja $\overline{\Psi}_v$ o tráfego médio das ligações lógicas iniciadas em v. Se $\alpha_v \neq 0$, dividindo os dois lados da inequação em 4.1.3 por α_v, segue que:

$$\frac{1}{\alpha_v} \cdot \left(\Psi_v \geqslant \sum_d P_{vd} \right) \implies \frac{\Psi_v}{\alpha_v} \geqslant \frac{\sum_d P_{vd}}{\alpha_v} \implies \overline{\Psi}_v \geqslant \Theta_v \qquad (4.1.4)$$

Assim, como o tráfego médio é maior ou igual à Θ_v, em alguma ligação lógica iniciada em v, o tráfego é maior ou igual à Θ_v. Além de supor que $\alpha_v \neq 0$, não foi feita nenhuma outra exigência sobre a topologia lógica ou a distribuição do tráfego. Assim, este resultado é válido para uma topologia lógica qualquer, com qualquer distribuição de tráfego, desde que $\alpha_v \neq 0$. Portanto, provou-se que 4.1.1 é válida. A demonstração para 4.1.2 é análoga e será omitida.

□

Teorema 1 (*Minimum Traffic Bound* – MTB). *Para cada nó v de uma rede, com matriz de demandas P_{sd}, se forem dados os números de ligações lógicas originadas (α_v) e incidentes (β_v) em v, então, um limite inferior para o congestionamento nessa rede é dado por:*

$$MTB = \max_v \left\{ \sum_d (P_{vd}/\alpha_v) \;, \; \sum_s (P_{sv}/\beta_v) \right\} \qquad (4.1.5)$$

Demonstração. Seja λ^*_{max} o valor ótimo do congestionamento, dados os números de ligações lógicas originadas (α_v) e incidentes (β_v) em cada nó v da rede. Para demonstrar a validade do teorema, devemos demonstrar que $MTB \leqslant \lambda^*_{max}$, o que equivale a mostrar que sejam verdadeiras as inequações a seguir:

$$\Theta_v \leqslant \lambda^*_{max}, \quad \forall v \qquad (4.1.6)$$

$$\Gamma_v \leqslant \lambda^*_{max}, \quad \forall v \qquad (4.1.7)$$

Para demonstrar que a inequação 4.1.6 é válida, suponha por absurdo que ela é falsa, ou seja:

$$\exists v, \text{ tal que, } \Theta_v > \lambda^*_{max} \qquad (4.1.8)$$

Do que foi suposto em 4.1.8, como $\Theta_v > \lambda^*_{max}$, então $\alpha_v \neq 0$. Assim, da conclusão obtida em 4.1.1, para qualquer topologia lógica, com qualquer distribuição de tráfego, segue que:

$$\Theta_v > \lambda^*_{max} \quad \text{e} \quad (\exists v_1), \text{ tal que, } \Phi_{vv_1} \geqslant \Theta_v \implies \Phi_{vv_1} > \lambda^*_{max} \qquad (4.1.9)$$

Ou seja, supondo que 4.1.8 é falsa, haverá uma ligação lógica com tráfego superior à λ_{max}^*, em qualquer topologia lógica, com qualquer distribuição de tráfego. Mas, isso é absurdo para as soluções ótimas, pois contraria a definição de λ_{max}^*. Isso prova que a inequação 4.1.8 é falsa, ou seja, demonstra que 4.1.6 é verdadeira, como se queria. De modo análogo pode-se verificar a validade da inequação 4.1.7, o que conclui a demonstração do teorema. □

Note que não foi feita restrição quanto à multiplicidade de ligações lógicas, nem uniformidade do grau lógico. Dizemos que o MTB é um LB para para o VTD, pois a única restrição feita é quanto ao conhecimento do número de ligações lógicas iniciando e terminando em cada nó. Em modelagens mais abrangentes, como o TWA, a introdução de mais restrições e variáveis pode fazer com que o ótimo do VTD se torne inviável. Ainda assim, o MTB será um LB para o congestionamento. Todavia, outras técnicas de obtenção de LB poderiam ser empregadas para explorar o espaço do conjunto de soluções que se tornou inviável. Uma alternativa é a conhecida técnica iterativa apresentada em (RAMASWAMI; SIVARAJAN; SASAKI, 2009).

O MTB foi aqui estabelecido em sua forma mais geral, considerando que cada nó pode possuir quantidades diferentes de ligações lógicas originadas ou incidentes, entretanto, na literatura é comum considerar que os nós da rede possuem grau lógico uniforme (RAMASWAMI; SIVARAJAN; SASAKI, 2009). Neste caso, o MTB consiste no valor máximo do conjunto das somas das demandas originadas ou recebidas em cada nó, divido pelo grau lógico da rede. Portanto, convém apresentar uma formulação mais direcionada para implementações. Isso é feito a seguir no Lema 1.

Lema 1. *Se a rede possui grau lógico uniforme G, o MTB pode ser definido da seguinte forma:*

$$MTB = \frac{1}{G} \cdot \max_v \left\{ \sum_d P_{vd}, \sum_s P_{sv} \right\}$$

Em última análise, o MTB explora a possibilidade da ligação lógica mais carregada da rede transportar predominantemente tráfego que não foi ou não será retransmitido. De fato, se (i,j) é a ligação mais carregada da rede, o ideal é que a maior parte de seu tráfego seja destinado ao nó onde onde esta ligação lógica incide (j). Pois do contrário, muito tráfego seria retransmitido ao longo da rede, congestionando outras ligações. Isso leva a crer que o nó j pode ter muito tráfego a receber da rede. Por outro lado, quanto mais tráfego for originário de i, houve menos retransmissão antes de chegar nele.

Tem-se ai duas tendências que podem dominar a ligação lógica (i,j): j é o destino principal na rede, ou i é o principal gerador de tráfego. É razoável que uma delas prevaleça. Por exemplo, se j precisa receber mais tráfego do que i origina, seria melhor i escoar esse tráfego por outra saída, que não j. Estendendo essa ideia a todo o projeto da topologia lógica é de se esperar que, na solução ótima, grandes emissores de tráfego tendem a não iniciar uma ligação lógica com destino a um grande receptor de tráfego. E mesmo quando isso ocorresse, seria razoável que as duas tendências não concorressem numa mesma ligação lógica, mas sim, que a mais fraca tomasse caminhos alternativos.

Deste modo, procurar por um LB se resumiria a encontrar a tendência mais forte, seja de emissão ou recepção. Essa é a ideia por trás do MTB, que apenas investiga a matriz de demandas de tráfego atrás da maior tendência. Esta suposição revelou-se válida empiricamente, posto que na maioria dos testes feitos o MTB equivale ao ótimo, como será visto no Capítulo 5. Logo, esse comportamento tem uma relação direta com o grau lógico de entrada e saída dos nós.

Mas há um ponto fraco nessa linha de pensamento. Ela depende que o tráfego na ligação lógica mais carregada seja predominantemente caracterizado por sua tendência dominante. Isso tende a ser mais certo quanto mais assimétrica for matriz de demandas. Mas, se esta for fortemente uniforme, com pouca variação entre o tamanho da demandas, a quantidade de tráfego a ser retransmitida na rede superará com facilidade as tendências individuias de cada nó. Portanto, é esperado que a qualidade do LB fornecido pelo MTB seja melhor em cenários de tráfego assimétrico. Todavia, nos testes realizados no Capítulo 5, mesmo para uma matriz com demandas uniformemente distribuídas, o MTB se mostrou bem eficiente.

4.2 Limite Inferior para o Tráfego Retransmitido

O tráfego retransmitido na rede é todo aquele que, passando por uma ligação lógica entre o par (i, j), não se originou no nó i. Isso ocorre em redes semitransparentes, pois não há ligações lógicas entre todos os pares de nós da rede, fazendo com que algumas demandas de tráfego tenham que traçar caminhos sobre a topologia lógica. Obviamente, todas as demandas de tráfego tem de ser roteadas por caminhos com no mínimo um salto, esse é o tráfego mínimo que há na rede. Todo o resto depende do projeto da topologia lógica e a consecutiva distribuição do tráfego.

Para estabelecer um limite inferior para o tráfego retransmitido, é necessário estimar o número mínimo de vezes que o tráfego pode ser repetido até chegar ao destino. Além disso, é preciso considerar a quantidade de tráfego. Pois, como a rede e semitransparente, não há ligações lógicas suficientes para rotear todas as demandas com um único salto. Portanto, para se obter uma configuração mínima para o tráfego retransmitido, deve-se dar preferência a rotear primeiro as maiores demandas. Mas a quantidade de demandas que podem ser atendidas, com um salto apenas, é igual ao número de ligações lógicas de saída no nó de origem.

Ordenando as linhas da matriz de demandas, da maior entrada para a menor, seja $\overline{\Omega}_{st}$ a t-ésima maior demanda de tráfego com origem em s. Assim, a maior quantidade de tráfego originado em s que pode ser atendido com apenas um salto é:

$$\sum_{t=1}^{\alpha_s} \overline{\Omega}_{st} \qquad (4.2.1)$$

Onde α_s é o número de ligações lógicas iniciadas em s. Estas demandas, na melhor da hipóteses, poderiam ser entregues no destino sem retransmitir tráfego. Seja $\{j_1, j_2, \cdots, j_{\alpha_s}\}$ o conjunto de nós destino das ligações lógicas originadas em s. Assim, a quantidade de tráfego que pode ser atendido com dois saltos é dada por:

$$\sum_{t=1}^{\alpha_s} \sum_{h=1}^{\alpha_{j_t}} \overline{\Omega}_{s(\alpha_s+h)} \qquad (4.2.2)$$

Note que as demandas são somadas a partir de $\alpha_s + 1$, pois devem ser ignoradas aquelas que podem ser entregues em um salto apenas, já somadas na equação 4.2.1. O tráfego somado na equação 4.2.2 já teria que ser retransmitido ao menos uma vez, já constituindo obrigatoriamente uma parte do tráfego retransmitido. Todavia, ao se tratar do projeto da rede, a topologia lógica não foi definida. Assim, não se sabe a quais nós j_t a origem s será conectada por ligações lógicas. Portanto, mesmo que os valores α_{j_t} já sejam definidos *a priore*, o somatório 4.2.2 não poderia ser obtido antes de se conhecer a topologia lógica. Isso pode ser contornado assumindo que a rede possui grau lógico de saída uniforme para todos os nós g.

Se $g = 1$, a estimação de um LB para o tráfego retransmitido fica mais simples. A maior demanda com origem em s, na melhor da hipóteses, poderia ser roteada com um salto sobre a topologia lógica, sem gerar tráfego retransmitido. A segunda maior, no melhor caso, poderia ser roteada com dois saltos, gerando o seu valor em tráfego retransmitido. A terceira maior poderia ser roteada com três saltos, gerando duas vezes o seu valor de tráfego retransmitido, assim por diante. Somando essa estimativa para todos os nós da rede, resulta na soma 4.2.3 a seguir.

$$\sum_{s=1}^{n} \sum_{h=2}^{n-1} (h-1) \cdot \overline{\Omega}_{sh} \qquad (4.2.3)$$

Se $g > 1$, o somatório 4.2.2 poderia ser rescrito, independente dos nós j_t, como é feito a seguir. Este é o máximo tráfego que pode ser retransmitido apenas uma vez.

4.2 Limite Inferior para o Tráfego Retransmitido

$$\sum_{t=1}^{g^2} \overline{\Omega}_{s(g+t)} \qquad (4.2.4)$$

Analogamente, podemos somar também as demais demandas, multiplicando-as pelo número mínimo de vezes que podem ser retransmitidas. Para o máximo tráfego que pode ser entregue sem retransmissão são somadas g demandas, e para o tráfego que pode ser retransmitido uma vez, foram somadas g^2 demandas, assim, para as que podem ser retransmitidas duas vezes deverão ser somadas g^3 demandas, assim por diante. Mas o número de termos somados é $n-1$, o número de destinos possíveis a partir de s. Assim, há um valor R_z, soma de uma progressão geométrica, que limita o número de termos somados, definido pela equação 4.2.5.

$$R_z = \sum_{h=1}^{z} g^h = g^1 + g^2 + g^3 + \cdots + g^z \geqslant n - 1 \qquad (4.2.5)$$

Para determinar o número de somas, é necessário encontrar o menor valor z que satifaz a equação 4.2.5. Isso é feito a seguir:

$$g^1 + g^2 + g^3 + \cdots + g^z \geqslant n - 1$$
$$1 + g^1 + g^2 + g^3 + \cdots + g^z \geqslant n$$
$$\frac{g^{z+1} - 1}{g - 1} \geqslant n$$
$$g \cdot g^z - 1 \geqslant n \cdot (g - 1)$$
$$g \cdot g^z \geqslant 1 + n \cdot (g - 1)$$
$$g^z \geqslant [1 + n \cdot (g - 1)]/g$$
$$z \geqslant \log_g \left[\frac{1 + n \cdot (g - 1)}{g} \right]$$
$$z \geqslant \log_g[1 + n \cdot (g - 1)] - \log_g[g]$$
$$z \geqslant \log_g[1 + n \cdot (g - 1)] - 1$$

Portanto o valor de z procurado é dado pela equação 4.2.6

$$z = \lceil \log_g[1 + n \cdot (g - 1)] \rceil - 1 \qquad (4.2.6)$$

Na equação 4.2.5, o termo g^1 estava associado às demandas que podem ser roteadas sem retransmissão, que não integram a estimativa de tráfego retransmitido. Portanto haverão $z-1$

4.2 Limite Inferior para o Tráfego Retransmitido

somas, e o número de termos somados na última delas é g^z, se $R_z = n - 1$, ou $n - 1 - R_{z-1}$, caso contrário. Uma definição que atende aos dois casos é $v_z = \min\{g^z, n - 1 - R_{z-1}\}$. As demais somas têm limite g^h, onde $h \in \{2, \cdots, z-1\}$. Assim, a estimativa para o mínimo tráfego retransmitido é dado na equação 4.2.7 a seguir.

$$\sum_{t=1}^{g^2} 1 \cdot \overline{\Omega}_{s(t+R_1)} + \sum_{t=1}^{g^3} 2 \cdot \overline{\Omega}_{s(t+R_2)} + \cdots + \sum_{t=1}^{v_z} (z-1) \cdot \overline{\Omega}_{s(t+R_{z-1})} \qquad (4.2.7)$$

Note que trocando os limites dos somatórios g^h por v_h, não haveria alteração, pois nenhum desses valores pode ultrapassar $n - 1 - R_{h-1}$. Além disso, convém redefinir as demandas ordenadas ($\overline{\Omega}_{st}$) de modo a incluir $t + R_{h-1}$, para simplificar a notação. Isso é feito na equação 4.2.8, aplicando a soma de progressões geométricas para substituir o fator R_{h-1}. O mesmo é feito na equação 4.2.9, que redefine v_z em termos de h, para ser usada em todos os somatórios.

$$\overline{X}_{st}^h = \overline{\Omega}_{sy}, \text{ onde } y_{th} = t - 1 + \frac{g^h - 1}{g - 1} \qquad (4.2.8)$$

$$v_h = \min\left\{ g^h,\ n - \frac{g^h - 1}{g - 1} \right\} \qquad (4.2.9)$$

Assim, podemos reescrever as somas em 4.2.7 como é feito na equação 4.2.10. Esta equação estima a melhor forma possível de se distribuir o tráfego de modo a evitar gerar tráfego retransmitido. Somando esta estimativa para todos os nós da rede, tem-se portanto um limite inferior para o tráfego retransmitido.

$$\sum_{h=2}^{z} \sum_{t=1}^{v_h} (h-1) \cdot \overline{X}_{st}^h \qquad (4.2.10)$$

Analogamente, toda esta construção pode ser feita olhando para as demandas que devem ser entregues em cada nó d, inversamente ao que foi feito até aqui. Assim, um limite inferior para o tráfego retransmitido pode ser definido em relação ao tráfego que deve ser recebido por cada nó. Portanto há um LB definido pelo envio do tráfego, e outro definido pela recepção. O maior entre eles é ainda um *lower bound* para o tráfego retransmitido, denominado FTB (*Forwarded Traffic Bound*), enunciado no Teorema 2. Para demostrá-lo, será necessário o lema 2 a seguir, que garante a existência de um tipo paticular de solução ótima para o tráfego retransmitido, onde não há subdivisão das demandas de tráfego por múltiplos caminhos sobre a topologia lógica.

Lema 2. *Há uma solução ótima para o tráfego retransmitido sem bifurcação de tráfego.*

Demonstração. Seja ξ uma solução ótima para o tráfego retransmitido. Suponha que para cada par (s,d), $\{1,2,\cdots,k,\cdots\}$ são os possíveis caminhos entre esses nós sobre a topologia lógica de ξ. Sejam P_{sd}^k a fração de P_{sd} que foi roteada pelo cominho k, e p_{sd}^k o número de saltos em k. Deste modo, se existem dois caminhos k_1 e k_2 tais que $P_{sd}^{k_1} \neq 0$ e $P_{sd}^{k_2} \neq 0$, com $k_1 \neq k_2$, suponha que $p_{sd}^{k_1} > p_{sd}^{k_2}$. Assim, existe uma solução viável ξ' onde o tráfego sobre k_1 pode ser alocado em k_2. Logo o tráfego retransmitido em ξ' seria menor que em ξ, o que é absurdo. A mesma conclusão se chega para o caso de $p_{sd}^{k_1} < p_{sd}^{k_2}$, portanto, $p_{sd}^{k_1} = p_{sd}^{k_2}$. Segue que, alocando o tráfego sobre k_1 no caminho k_2, temos uma solução viável onde o tráfego retransmitido é igual ao de ξ, ou seja, também ótima. Estendendo isso a todos as bifurcações presentes na solução ξ, temos uma solução ótima derivada, onde não há bifurcação de tráfego. □

Teorema 2 (*Forwarded Traffic Bound* – FTB). *Dada uma rede com grau lógico uniforme* g. *Sejam* $\overline{\Omega}_{st}$ *e* $\underline{\Omega}_{td}$ *demandas de tráfego, respectivamente: a t-ésima maior com origem* s *e a t-ésima maior com destino* d. *Se* $g > 1$, *sejam* z, v_h, y, $\overline{X}_{st}^h$ *e* $\underline{X}_{td}^h$ *como definidos a seguir:*

$$z = \lceil \log_g[1 + n \cdot (g-1)] \rceil - 1$$

$$v_h = \min\left\{ g^h,\ n - \frac{g^h - 1}{g - 1} \right\}$$

$$y_{th} = t - 1 + \frac{g^h - 1}{g - 1}$$

$$\overline{X}_{st}^h = \overline{\Omega}_{sy}$$

$$\underline{X}_{td}^h = \underline{\Omega}_{yd}$$

Assim, são limites inferiores para o tráfego retransmitido nessa rede:

$$FTB^+ = \sum_{s=1}^{n} \sum_{h=2}^{z} \sum_{t=1}^{v_h} (h-1) \cdot \overline{X}_{st}^h$$

$$FTB^- = \sum_{s=1}^{n} \sum_{h=2}^{z} \sum_{t=1}^{v_h} (h-1) \cdot \underline{X}_{td}^h$$

Se $g = 1$, FTB^+ *e* FTB^- *são dados por:*

$$FTB^+ = \sum_{s=1}^{n} \sum_{h=2}^{n-1} (h-1) \cdot \overline{\Omega}_{sh}$$

$$FTB^- = \sum_{s=1}^{n} \sum_{h=2}^{n-1} (h-1) \cdot \underline{\Omega}_{hd}$$

Enfim, o limite inferior para o tráfego retransmitido FTB é definido como:

4.2 Limite Inferior para o Tráfego Retransmitido

$$FTB = \max\{\, FTB^+, FTB^- \,\}$$

Demonstração. Além do que foi discutido nas explicações anteriores ao enunciado do teorema, para estabelecer o FTB como um LB para o tráfego retransmitido, é suficiente demonstrar que não é possível haver um valor viável inferior a ele. Considere uma solução ótima não bifurcada ξ, onde o número de saltos utilizado por cada demanda é p_{sd}. Por abuso de notação, ξ representa tanto a solução quanto seu valor ótimo. Deste modo, deve-se mostrar que $\xi \geqslant FTB^+$ e $\xi \geqslant FTB^-$. Para isso, seja $\overline{h}_{sd}$ tal que $P_{sd} = \overline{X}_{st}^h$, para algum t, ou seja, $\overline{h}_{sd}$ é o número de saltos associado à P_{sd} no cálculo do FTB^+.

Se $p_{sd} \geqslant \overline{h}_{sd}$, para todo par (s,d), então $\xi \geqslant FTB^+$. Agora, se $p_{sd} < \overline{h}_{sd}$ para alguma demanda P_{sd}, então, ela tomará o lugar de outra de maior valor na ordenação determinada pelo FTB^+. Pois esta ordenação só leva em conta a capacidade dos nós realizarem ligações lógicas. Se a demanda P_{sd} em ξ tomar uma posição de ordem menor que $\overline{h}_{sd}$, as possibilidades de conexão dos nós exigirão que outra demanda, de maior valor, tome uma posição de ordem maior do que a considerada no caculo do FTB^+. Ou seja, irá existir $P_{s_1 d_1}$, com $P_{s_1 d_1} \geqslant P_{sd}$, tal que $p_{s_1 d_1} > \overline{h}_{s_1 d_1}$, de modo que as posições galgadas por P_{sd}, terão de ser perdidas por alguma $P_{s_1 d_1}$. Ou seja:

$$\overline{h}_{sd} - p_{sd} = p_{s_1 d_1} - \overline{h}_{s_1 d_1}$$

Multiplicando P_{sd} à esquerda e $P_{s_1 d_1}$ à direita, tem-se que:

$$P_{sd} \cdot (\overline{h}_{sd} - p_{sd}) \leqslant (p_{s_1 d_1} - \overline{h}_{s_1 d_1}) \cdot P_{s_1 d_1}$$

$$P_{sd} \cdot \overline{h}_{sd} - P_{sd} \cdot p_{sd} \leqslant P_{s_1 d_1} \cdot p_{s_1 d_1} - P_{s_1 d_1} \cdot \overline{h}_{s_1 d_1}$$

$$P_{sd} \cdot \overline{h}_{sd} + P_{s_1 d_1} \cdot \overline{h}_{s_1 d_1} \leqslant P_{sd} \cdot p_{sd} + P_{s_1 d_1} \cdot p_{s_1 d_1}$$

Ou seja, o tráfego retransmitido gerado por P_{sd} e $P_{s_1 d_1}$ é maior em ξ do que no FTB^+. Isso é válido para toda demanda P_{sd} tal que $p_{sd} < \overline{h}_{sd}$, portanto, se isso ocorrer, tem-se que $\xi \geqslant FTB^+$. Um raciocínio análogo pode ser feito para o FTB^- mas será omitido. □

5 Experimentos Computacionais

Para avaliar a pertinência do modelo de otimização TWA, que consiste na nova abordagem proposta neste trabalho, testes computacionais foram realizados. Toda a modelagem do TWA foi escrita em AMPL®(*A Modeling Language for Mathematical Programming*), de modo que facilmente possa ser adaptada para várias finalidades. No Capítulo 6.3 há um resumo sobre todas as ferramentas computacionais utilizadas neste trabalho, suas versões e outras informações.

Nos testes apresentados neste capítulo, para resolver os modelos de programação inteira mista, foi utilizado o programa SCIP (*Solving Constraint Integer Programs*), com as instâncias no formato FreeMPS. A versão do SCIP usada utiliza internamente o CLP (*Coin-or Linear Programming*) para resolver subproblemas de programação linear. O programa GLPK foi utilizado para resolver modelos de programação inteira e converter código AMPL em FreeMPS, antes de ser passado ao SCIP. Na resolução dos modelos de programação linear e programação linear inteira mista, citados ao longo deste capítulo, a precisão nos cálculos adotada foi de 10^{-6}.

Vale observar que o SCIP, o CLP e o GLPK são *softwares* livres, de código fonte aberto e de distribuição gratuita. Da mesma forma que os sistemas operacionais e demais ferramentas computacionais utilizadas neste trabalho, como é descrito no Capítulo 6.3.

Os resultados dos experimentos computacionais realizados com o TWA são comparados, neste capítulo, com os publicados em (ASSIS; WALDMAN, 2004) e (KRISHNASWAMY; SIVARAJAN, 2001), trabalhos em que foram propostos modelos para a resolução integrada do VTD e RWA. Todavia, ambos os modelos não incluem a topologia física como uma variável, diferente do TWA, o que consiste, em termos de possibilidades de projeto da rede óptica, em um avanço com relação a estas formulações anteriormente propostas. Por esse motivo, para podermos produzir resultados passíveis de comparação, nos testes que veremos mais adiante neste capítulo, a topologia física da rede é um dado de entrada. O modelo proposto em (ASSIS; WALDMAN, 2004) será aqui chamado de AW, e o modelo proposto em (KRISHNASWAMY; SIVARAJAN, 2001) será chamado de KS.

5.1 O Modelo AW

A modelagem encontrada em (ASSIS; WALDMAN, 2004) é baseada nas modelagens clássicas dos problemas VTD e RWA (ZANG; JUE; MUKHERJEE, 2000; RAMASWAMI; SIVARAJAN; SASAKI, 2009). O modelo AW, como a forma básica do TWA, não considera conversões entre comprimentos de onda.

Reproduzimos a seguir a formulação matemática encontrada em (ASSIS; WALDMAN, 2004). Este é um modelo de programação linear inteira mista, que combina variáveis reais e variáveis discretas. Ele considera os quatro subproblemas do projeto de uma WRON. A topologia física é considerada conhecida, sendo passada como parâmetro para o modelo. Além disso, é suposto que ela seja bidirecional e sem multiplicidade. Os demais dados de entrada seguem as definições adotadas pelo TWA, e são resumidos a seguir.

Dados 5. *Uma instância para o modelo AW é definida por:*

1. N = *Número de nós da rede.*

2. W = *Máximo de comprimentos de onda em uma ligação física.*

3. P_{sd} = *Demanda de tráfego, com origem s e destino d.*

4. DD_{mn} = *ligação física bidirecional entre o par (m,n).*

5. $Gout_v$ = *Grau Lógico de saída do nó v.*

6. Gin_v = *Grau Lógico de entrada do nó v.*

5.1. *Variáveis do modelo AW:*

1. $b_{ij} \in \{0,1\}$, *registra a presença (1) ou ausência (0) da ligação lógica (i,j).*

2. $b_{ijw} \in \{0,1\}$, *indica o comprimento de onda w utilizado pela ligação lógica (i,j).*

3. $p_{mn}^{ij} \in \{0,1\}$, *indica se a rota física de (i,j) passa pela ligação física (m,n).*

4. $p_{mnw}^{ij} \in \{0,1\}$, *indica se w é utilizado por (i,j) ao passar por (m,n).*

5. $\lambda_{ij}^{sd} \in \mathbb{R}^+$, *quantidade de tráfego fluindo de s para d, passando por (i,j).*

6. $\lambda_{ij} = \sum_{sd} \lambda_{ij}^{sd}$, *tráfego total na ligação lógica (i,j).*

7. $\lambda_{max} \in \mathbb{R}^+$, *Congestionamento da rede.*

5.1 O Modelo AW

8. $L \in \mathbb{N}$, *número de ligações lógicas na ligação física mais carregada, com* $L \leqslant W$.

Função Objetivo

- Congestionamento

$$\text{Minimize:} \quad \lambda_{max} \tag{5.1.1}$$

Restrições

- Distribuição de Tráfego:

$$\lambda_{ij}^{sd} \leqslant b_{ij} \cdot P_{sd}, \quad \forall (i,j,s,d) \tag{5.1.2}$$

- Rotas Físicas:

$$\sum_n p_{mn}^{ij} = \sum_n p_{nm}^{ij}, \quad \forall (i,j,m), \text{ com } m \neq i \text{ e } m \neq j. \tag{5.1.3}$$

$$\sum_n p_{in}^{ij} = b_{ij}, \quad \forall (i,j) \tag{5.1.4}$$

$$\sum_m p_{mj}^{ij} = b_{ij}, \quad \forall (i,j) \tag{5.1.5}$$

- Alocação de Comprimentos de Onda:

$$\sum_n p_{mnw}^{ij} = \sum_n p_{nmw}^{ij}, \quad \forall (i,j,m,w), \text{ com } m \neq i \text{ e } m \neq j. \tag{5.1.6}$$

$$\sum_n p_{inw}^{ij} = b_{ijw}, \quad \forall (i,j,w) \tag{5.1.7}$$

$$\sum_m p_{mjw}^{ij} = b_{ijw}, \quad \forall (i,j,w) \tag{5.1.8}$$

$$\sum_w b_{ijw} = b_{ij}, \quad \forall (i,j) \tag{5.1.9}$$

$$\sum_w p_{mnw}^{ij} = p_{nm}^{ij}, \quad \forall (i,j,m,n) \tag{5.1.10}$$

- Topologia Física:

$$\sum_{ij} p_{mn}^{ij} \leqslant L \cdot DD_{mn}, \quad \forall (m,n) \tag{5.1.11}$$

$$\sum_{ij} p_{mnw}^{ij} \leqslant DD_{mn}, \quad \forall (m,n,w) \tag{5.1.12}$$

- Conservação de Fluxo:

$$\forall (i,s,d), \quad \sum_{j} \lambda_{ij}^{sd} - \sum_{j} \lambda_{ji}^{sd} = \begin{cases} P_{sd}, & s=i \\ -P_{sd}, & d=i \\ 0, & \text{caso contrário} \end{cases} \tag{5.1.13}$$

- Congestionamento:

$$\lambda_{ij} = \sum_{sd} \lambda_{ij}^{sd}, \quad \forall (i,j) \tag{5.1.14}$$

$$\lambda_{ij} \leqslant \lambda_{max}, \quad \forall (i,j) \tag{5.1.15}$$

- Grau lógico:

$$\sum_{j} b_{ij} \leqslant Gout_i, \quad \forall i \tag{5.1.16}$$

$$\sum_{i} b_{ij} \leqslant Gin_j, \quad \forall j \tag{5.1.17}$$

5.1.1 Comparação entre os Modelos AW e TWA

As principais diferenças entre o AW e o TWA são que o modelo AW não faz nenhum tipo de agregação de variáveis e separa cada aspecto do projeto em variáveis de decisão diferentes. Isso facilita a interpretação de cada funcionalidade do modelo e o controle de cada métrica, embora torne o modelo pouco conciso. Entretanto, o modelo AW não é afetado por nenhuma das limitações a quais o TWA está sujeito, como foi discutido na Seção 2.4.

O AW é mais abrangente que o TWA em alguns aspectos, mas em outros não. A principal vantagem dele, em relação ao TWA, é que as rotas físicas e a distribuição do tráfego são

5.1 O Modelo AW

bem definidas, ao contrário do TWA que permite que haja mais de uma forma de configurá-las. Portanto, a distância percorrida pelo tráfego pode ser controlada, apesar disso não ter sido explorado em (ASSIS; WALDMAN, 2004). Além disso, não foi prevista em (ASSIS; WALDMAN, 2004) a possibilidade da topologia física ser uma das variáveis do problema, e nem dela possuir multiplicidade de ligações físicas.

As restrições do AW que tratam do VTD não suportam multiplicidade de ligações lógicas, especificamente a Restrição 5.1.2, pois geraria mais tráfego do que existe na matriz de demandas P_{sd}. Para este fim, seria necessária uma restrição de limitação de capacidade nos moldes da Restrição 2.3.2 do TWA. No AW não há uma restrição com funcionalidade equivalente. Em razão da topologia lógica não possuir multiplicidade de ligações, as Variáveis de 5.1.2 a 5.1.4 acabam sendo binárias, embora as demais restrições do AW não tenham essa limitação. Na relação a seguir são comparados paralelamente os modelos AW e TWA, em termos de funcionalidade.

- As Variáveis de 5.1.1 a 5.1.4 correspondem ao componente topológico do TWA, definido na Variável 2.1.1;

- A Variável 5.1.5 corresponde à fração de tráfego agregado, Variável 2.1.2;

- As Restrições de 5.1.2 a 5.1.10 correspondem a Restrição 2.3.2, de continuidade de comprimentos de onda e limitação de capacidade, mas sem suportar multiplicidade de ligações lógicas;

- As Restrições 5.1.11 e 5.1.12 correspondem a Restrição 2.3.3, de controle da topologia física, no sentido de limitação dos componentes topológicos, como foi comentado na Seção 3.1;

- A Restrição 5.1.13 corresponde as restrições de conservação de fluxo 2.3.4 e 2.3.5;

- O controle do congestionamento e grau lógico equivale ao que foi feito nas Seções 3.3 e 3.2, respectivamente;

Na Tabela 5.1 estão resumidos os dados a cerca do número de variáveis binárias, de variáveis reais e do número equações no modelo AW. Eles são apresentados em notação assintótica e em valores absolutos. Para fins de comparação, vale relembrar neste ponto que o modelo AW não suporta multiplicidade de ligações lógicas nem físicas, além de considerar a topologia física como um dado de entrada.

Métrica	Equações	Reais	Binárias
Custo Assintótico	$\Theta(N^4 + N^3 W)$	$\Theta(N^4)$	$\Theta(N^4 W)$
Valores Absolutos	$2N^4 + N^3(2+W) + N^2(5+3W) + 2N$	N^4	$(N^4 + N^2)(W+1)$

Tabela 5.1: Número de variáveis binárias, reais e equações no modelo AW.

5.1.2 Metodologia Baseada no Modelo AW

Em (ASSIS; WALDMAN, 2004) foi proposto um algoritmo híbrido, que combina programação linear inteira com a heurística HLDA (RAMASWAMI; SIVARAJAN, 1996), uma heurística para a escolha da topologia lógica, sobra a qual comentou-se na Seção 1.2.1. Para a estratégia proposta, foram derivados do AW dois outros modelos que serão chamados de AW-*s* e AW-*l*. Ambos são formados por subconjuntos das restrições e variáveis do modelo AW, e com funções objetivo próprias, apresentadas a seguir.

Funções Objetivo

- AW-*l*: Máximo de Ligações Lógicas em Cada Ligação Física:

$$\text{Minimize:} \quad L \tag{5.1.18}$$

- AW-*s*: Número de Saltos Físicos:

$$\text{Minimize:} \quad \sum_{mnij} p_{mn}^{ij} = S \tag{5.1.19}$$

As Restrições de 5.1.3 a 5.1.5, mais a Restrição 5.1.11, completam o modelo AW-*l*. Por sua vez, o modelo AW-*s* é composto pela Restrições de 5.1.3 a 5.1.12, portanto, contém as restrições de AW-*l*. Nota-se que, com esses conjuntos de restrições, a Variável 5.1.5 é excluída e o subproblema da distribuição do tráfego também. Do VTD, resta apenas as variáveis de topologia lógica, que serão escolhidas pela HLDA e passadas aos modelos derivados como um dado de entrada. Definida a topologia lógica, a distribuição do tráfego é um problema de programação linear de fácil resolução (RAMASWAMI; SIVARAJAN; SASAKI, 2009), deixado para ser resolvido em uma fase posterior do projeto.

Sem a distribuição de tráfego, os modelos derivados são modelos de programação inteira, e não mais um MILP como o AW. Além disso, como a topologia lógica é um dado de entrada, os modelos AW-*s* e AW-*l* modelam apenas os subproblemas RWA e WR (Rotas físicas), respectivamente (ZANG; JUE; MUKHERJEE, 2000). Deste modo, a distribuição das demandas de tráfego não influencia esses subproblemas diretamente, prejudicando o conceito de projeto completo da rede. Os modelos derivados não herdam o impedimento de multiplicidade de ligações lógicas do AW. Além disso, a HLDA pode prover topologias lógicas com multiplicidade de ligações (RAMASWAMI; SIVARAJAN; SASAKI, 2009). Assim, as Variáveis de 5.1.2 a 5.1.4 podem passar a suportar multiplicidade de ligações lógicas. O que de fato é assumido em (ASSIS; WALDMAN, 2004).

A HLDA recebe como entrada a matriz de demandas de tráfego e um grau lógico para a rede. A partir disso, ela constrói uma topologia lógica sem fazer distribuição de tráfego. Assim, o grau lógico G define as instâncias nos testes. Definida a topologia lógica pela HLDA, o modelo AW-l é utilizado para determinar as rotas físicas, minimizando L. A solução para as rotas físicas é passada ao modelo AW-s, para re-otimização, fixado L. Nesta fase, à instância é passado também um limite W, o máximo de comprimentos de onda que poderão ser usados. E no final é registrada a quantidade de comprimentos de onda de fato utilizada. Paralelamente a função objetivo do AW-s retira os ciclos nas rotas físicas. O objetivo desta última etapa é obter uma solução viável que atenda ao L, à topologia lógica e ao W fixados, retirando os ciclos na solução final. As métricas de interesse nessa abordagem são listadas a seguir, com uma breve descrição de seu relacionamento com o método proposto em (ASSIS; WALDMAN, 2004).

1. G: o grau lógico, define as instâncias.

2. Congestionamento: não é calculado, pois o tráfego não é distribuído; confia-se na qualidade da topologia lógica provida pela HLDA (etapa 1);

3. L: é minimizado diretamente na etapa 2, quando se determina as rotas físicas, com o modelo AAW-l;

4. W: não é minimizado diretamente na re-otimização (etapa 3), ele é limitado em cada instância, de modo a obter uma solução viável que atenda às rotas físicas, para L fixado no modelo AW-s;

5. S: não é uma métrica de particular interesse, foi minimizada apenas para remover ciclos nas rotas físicas na etapa 3.

Os testes descritos nesta seção foram realizados em um Intel Pentium IV/1.6Ghz usando o CPLEX® (www.cplex.com), uma ferramenta de otimização comercial, de código fonte fechado. Para cada instância, o tempo de otimização foi limitado em 1 hora.

5.2 Comparação de Resultados com o modelo AW

Nesta seção serão apresentados resultados produzidos utilizando o modelo TWA, que serão comparados com os encontrados em (ASSIS; WALDMAN, 2004), nos quais utilizou-se o modelo AW descrito na seção anterior. As duas abordagens serão comparadas em termos do esforço computacional e da qualidade das soluções quanto às métricas de interesse. São elas: o número de ligações lógicas (L) e comprimentos de onda (W), disponíveis em cada ligação física; o grau lógico da rede (G); o número de saltos físicos na topologia (S); e o congestionamento. Esses parâmetros são comumente tratados nas investigações a cerca do RWA (ZANG; JUE; MUKHERJEE, 2000).

Os testes desta seção foram realizados em uma estação de trabalho com a seguinte configuração: *notebook PC*; com sistema operacional *GNU/Linux Kubuntu*, versão 8.04 32*bits*; equipada com processador *Sempron Mobile*®3500+ 1.8*GHz*, com 512*KB* de *cache* e 2*GB* de RAM.

Para produzir resultados passíveis de comparação, são acrescentadas à modelagem básica do TWA, mostrada na Seção 2, as restrições de controle do grau lógico (Restrição 3.2) e a de limitação do número de ligações lógicas em cada ligação física (Seção 3.4). Como os resultados em (ASSIS; WALDMAN, 2004) foram produzidos para topologias físicas sem multiplicidade, será adotado $K = 1$. Deste modo, para controlar o número de ligações lógicas é usada a Restrição 3.4.2, adequada para topologias físicas sem multiplicidade. Além disso, a definição dos componentes topológicos é modificada, deixando de ser uma variável inteira, passando a ser binária, pois agora compõem uma topologia física sem multiplicidade. A função objetivo do modelo básico é substituída pela minimização do número de saltos físicos (Seção 3.5), para compatibilizar os resultados com aqueles que serão alvo de comparação. Esta formulação específica, apresentada a seguir, é denominada de TWA-*sl*.

Nos resultados apresentados em (ASSIS; WALDMAN, 2004) não é calculado o congestionamento, apenas é adotada a topologia lógica produzida pela heurística HLDA. Deste modo, para os resultados apresentados neste seção, foram obtidas topologias lógicas com uma implementação da heurística HLDA. Para cada uma delas, foi distribuído o tráfego e calculado o congestionamento ($HLDA_c$) através do GLPK, utilizando uma versão do modelo clássico para o VTD (RAMASWAMI; SIVARAJAN; SASAKI, 2009). Assim, como limitação de capacidade na Restrição 5.2.2, foi adotado $Cap = \lceil HLDA_c \rceil$. Para cada instância, esse procedimento levou menos de um segundo, portanto não será considerado na contagem de tempo de processamento dos resultados apresentados mais adiante nesta seção.

5.2 Comparação de Resultados com o modelo AW

Dados 6. *Uma instância para o modelo TWA-sl é definida por:*

1. $N =$ *Número de nós da rede.*

2. $W =$ *Máximo de comprimentos de onda em uma ligação física.*

3. $L =$ *Máximo de ligações lógicas em uma ligação física, com $L \leqslant W$.*

4. $G =$ *Grau lógico da rede.*

5. $Cap = \lceil HLDA_c \rceil$, *capacidade de tráfego de cada ligação lógica.*

6. $P_{sd} =$ *Demanda de tráfego, com origem s e destino d.*

7. $D_{mn} =$ *Ligação Física, com origem m e destino n, com $D_{mn} = D_{nm}$.*

8. $A_s = \sum_d P_{sd} =$ *Tráfego agregado pela origem s.*

9. $Q_{sd} = P_{sd}/A_s =$ *Fração de A_s correspondente à Demanda de tráfego P_{sd}.*

Variável 5.2.1 (Versão sem multiplicidade física). *Seja $B_{iw}^{mn} \in \{0, 1\}$, com $i \neq n$, um componente do conjunto das ligações lógicas com origem i e comprimento de onda w, que utilizam a ligação física (m, n).*

Variável 5.2.2. *Seja $q_{sw}^{ij} \in [0, 1]$ a fração do fluxo originado em s, passando pelas ligações lógicas entre o par (i, j) com comprimento de onda w, onde $s \neq j$.*

Função Objetivo

- Número de Saltos Físicos

$$\text{Minimize:} \quad \sum_{imnw} B_{iw}^{mn} = S \quad (5.2.1)$$

Restrições

- Continuidade de Comprimentos de Onda e Capacidade:

$$\sum_s q_{sw}^{iv} \cdot A_s \leqslant Cap \cdot \left(\sum_m B_{iw}^{mv} - \sum_n B_{iw}^{vn} \right), \quad \forall (i, v, w), \text{com } i \neq v \quad (5.2.2)$$

- Topologia Física:

$$\sum_i B_{iw}^{mn} \leqslant D_{mn}, \quad \forall (m,n,w) \tag{5.2.3}$$

- Conservação de Fluxo:

$$\sum_{jw} q_{vw}^{vj} = 1, \quad \forall v \tag{5.2.4}$$

$$\sum_{iw} q_{sw}^{iv} - \sum_{jw} q_{sw}^{vj} = Q_{sv}, \quad \forall (s,v), \text{ com } s \neq v \tag{5.2.5}$$

- Controle do Grau lógico:

$$\sum_{wn} B_{vw}^{vn} \leqslant G, \quad \forall v \tag{5.2.6}$$

$$\sum_{iwm} B_{iw}^{mv} - \sum_{iwn} B_{iw}^{vn} \leqslant G, \quad \forall v, i \neq v \tag{5.2.7}$$

- Ligações Lógicas em Cada Ligação Física:

$$\sum_{iw} B_{iw}^{mn} \leqslant L, \quad \forall (m,n) \tag{5.2.8}$$

Para produzir os resultados com o TWA-*sl*, a estratégia adotada será configurar as instâncias do problema com os menores valores possíveis para W e L, passando-as ao SCIP para resolução, até que se encontre seus valores ótimos. Essa abordagem só é viável por que, nas situações em que as limitações impostas á W e L implicaram em uma instância insolúvel (MUKHERJEE, 2006), o SCIP foi capaz de identificar essa condição em menos de um segundo de execução. Esse tempo não será computado, mas o número de vezes em que isso ocorreu sim. Esse valor será chamado de I; número de instâncias insolúveis.

Em resumo, as métricas de interesse serão tratadas da seguinte forma: o grau lógico G define as instâncias do problema; o congestionamento, usado como limitação de capacidade das ligações lógicas, é obtido da solução da HLDA; o número total de saltos físicos S será minimizado na função objetivo; e por fim, a solução completa será obtida otimizando o modelo TWA-*sl*, fixando os parâmetros L e W nos seus valores ótimos.

Para determinar os parâmetros L e W, eles são testados com o SCIP a partir do valor 1, e serão incrementados até que se obtenha uma solução viável. Cada incrementação de L ou

W representa uma tentativa. Como W limita L, este tem precedência na incrementação, sendo aumentado até se igualar à W, assim por diante.

Quando se aumenta o grau lógico, a restrição e capacidade é diminuída, pois o congestionamento diminui quando G aumenta (RAMASWAMI; SIVARAJAN, 1996). Assim, a configuração ótima de L e W, para um dado G, é também ótima ou insolúvel para todo grau lógico maior. Desta forma, quando se encontra uma configuração viável, está garantida a otimalidade dos parâmetros L e W, para a específica limitação de capacidade usada. Esse procedimento é detalhado a seguir.

1. Partindo do menor grau lógico ($G = 1$), configurar uma instância com $W = 1$ e $L = 1$ e otimizar com o SCIP.

2. Enquanto o SCIP retornar que a instância é insolúvel, L será incrementado até o seu limite, que é o valor atual de W. Quando L não puder ser aumentado ($L = W$), então W o será, e assim por diante.

3. Se uma solução viável é encontrada, o SCIP é interrompido, a solução é registrada e o grau lógico é incrementado, dando continuidade ao processo.

Ainda fica indefinida a otimalidade para S, mas garanti-la não é o objetivo aqui, pois S é minimizado apenas para evitar ciclos na solução final (ASSIS; WALDMAN, 2004). Além disso, o SCIP sempre é interrompido ao encontrar a primeira solução viável, sem perseguir a otimalidade. Todavia, para a maioria das instâncias, o SCIP foi capaz de determinar o otimalidade de S, já na primeira solução encontrada. Lembrando que, na resolução de um MILP, bem como em muitos outros tipos de problemas de otimização, pode-se levar mais tempo determinando a otimalidade de uma solução viável já encontrada, do que aquele gasto para obté-la.

Foram executados dois testes computacionais, com uma rede de 6 nós e com uma rede de 12 nós (ASSIS; WALDMAN, 2004). Os resultados obtidos estão nas Tabelas 5.3 e 5.4, cujas legendas estão resumidas na Tabela 5.2.

Os resultados para a rede de 6 nós estão na Tabela 5.3. Na Figura 5.1 está representada a topologia física da rede de 6 nós, e na Figura 5.2 sua matriz de demandas de tráfego (ASSIS; WALDMAN, 2004). A primeira coluna registra o grau lógico de cada instância (G), que neste caso foram 5. Da segunda até a quarta coluna (L, W e S) estão os resultados de (ASSIS; WALDMAN, 2004) e da quinta à sétima estão os resultados obtidos com a metodologia descrita nesta seção. Note que em todas as instâncias foram obtidos resultados melhores para todos os parâmetros.

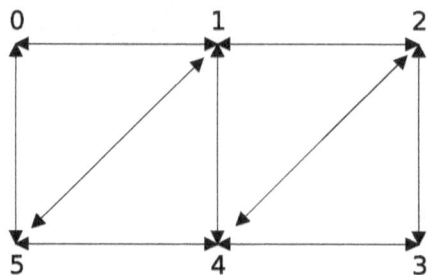

Figura 5.1: Topologia Física da rede de 6 nós (ASSIS; WALDMAN, 2004).

I_{sd}	0	1	2	3	4	5
0	-	0,90	0,62	0,51	0,28	0,52
1	0,5	-	0,39	0,92	0,26	0,15
2	0,4	0,31	-	0,34	0,21	0,14
3	0,2	0,48	0,34	-	0,99	0,36
4	0,1	0,44	0,14	0,84	-	0,99
5	0,4	0,19	0,99	0,75	0,18	-

Figura 5.2: Matriz de demandas para a rede de 6 nós.

Sigla	Significado
G	Grau Lógico
L	Máximo de Ligações Lógicas nas Ligações Físicas
W	Número de Comprimentos de Onda Utilizados
S	Número de Saltos Físicos
t	Tempo em segundos para encontrar a primeira solução viável
Cap	Capacidade de Tráfego de cada Ligação Lógica
I	Número de instâncias insolúveis visitadas

Tabela 5.2: Legendas para as Tabelas 5.3 e 5.4.

	AW			TWA-sl					
G	L	W	S	L	W	S	t	Cap	I
1	1	1	09	1	1	06∗	00	08	0
2	2	2	18	1	1	11∗	03	03	0
3	2	2	32	1	1	14∗	00	02	0
4	3	3	41	2	2	25∗	10	01	2
5	4	5	50	3	3	46∗	00	01	2

Tabela 5.3: Resultados para a rede de 6 nós. * Solução Ótima.

A oitava coluna da Tabela 5.3 traz o tempo, em segundos, que o SCIP levou para encontrar a primeira solução viável (t). Um fato importante é que, em todas as instâncias desta bateria de testes, este tempo foi suficiente para determinar a otimalidade da solução viável encontrada. Ou seja, também foi garantida a otimalidade para S. Essa possibilidade, além do interesse teórico, evidência a eficiência do método aqui proposto. Como base de comparação, temos que em (ASSIS; WALDMAN, 2004) não é garantida a otimalidade para as métricas de interesse.

Ainda na Tabela 5.3, na nona coluna está a capacidade das ligações lógicas (Cap) e por fim, na última coluna temos o histórico das tentativas com instância insolúvel. Nesta coluna, um 0 (zero) significa que os resultados registrados nesta linha foram conseguidos na primeira execução do SCIP. Analogamente, um número diferente de zero significa a quantidade de vezes em que foram encontradas instâncias insolúveis, antes da execução que provou o resultado expresso nesta linha.

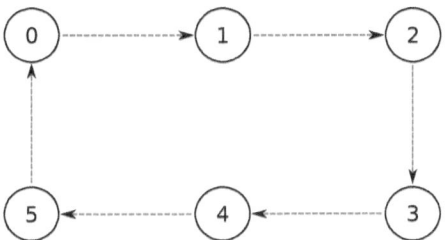

Figura 5.3: Rotas físicas da solução para a rede de 6 nós, com grau lógico 1.

A Figura 5.3 apresenta as rotas físicas da solução obtida para a rede de 6 nós, com grau lógico 1. Ela apresenta o mínimo possível de ligações físicas utilizadas em uma solução conexa, ou seja, um anel. Note que não há passagem transparente em nenhum nó, portanto essa topologia é opaca. Como o número de saltos físicos (S) foi minimizado na função objetivo, é natural que a solução ótima tenda a não possuir ligações transparentes, pois estas usam mais de um salto físico para realizar a ligação lógica. Apenas nas soluções para grau lógico 4 e 5 ocorreram passagens transparentes, mas não convém exibi-las pelo elevado número de saltos, 25 e 46, respectivamente.

Com o mesmo arranjo de colunas descrito acima, a Tabela 5.4 reúne os resultados para a rede de 12 nós. Na Figura 5.4 está representada a topologia física da rede de 12 nós, e na Figura 5.5 sua matriz de demandas de tráfego (ASSIS; WALDMAN, 2004). Desta vez temos 6 instâncias, do grau lógico 1 até o 6. Aqui também foram obtidos melhores resultados para o trio L, W e S. Nesta etapa, os resultados de (ASSIS; WALDMAN, 2004) foram obtidos com 6 horas de execução, enquanto os resultados com o modelo TWA levaram 7.2 minutos para serem produzidos.

Mesmo quando não foi encontrado o valor ótimo para S, através do método utilizado, a otimalidade está garantida para os parâmetros L e W. Em particular, note que apenas a variação de W influenciou nos resultados, pois L sempre teve de ser fixado no seu valor máximo ($L = W$).

5.2 Comparação de Resultados com o modelo AW

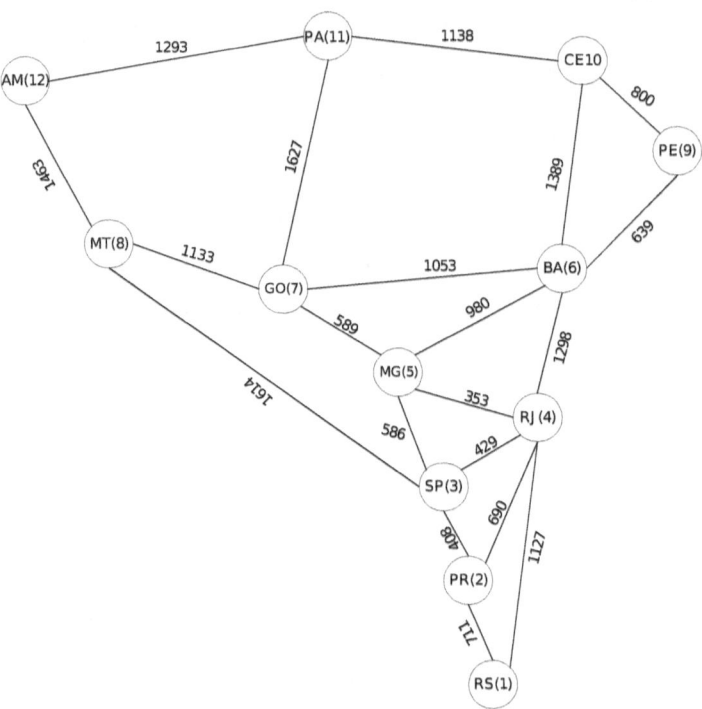

Figura 5.4: Topologia Física da rede de 12 nós (ASSIS; WALDMAN, 2004)

	0,92		0,84	0,3	0,49	0,83	0,17	0,28	0,52	0,41	0,32
0,23		0,2	0,52	0,29	0,89	0,56	0,97	0,46	0,64	0,3	0,96
0,6	0,17		0,2	0,19	0,82	0,37	0,27	0,06	0,2	0,87	0,72
0,48	0,4	0,6		0,68	0,64	0,7	0,25	0,98	0,37	0,01	0,41
0,89	0,93	0,27	0,83		0,81	0,54	0,87	0,58	0,78	0,76	0,74
0,76	0,91	0,19	0,01	0,54		0,44	0,73	0,42	0,68	0,97	0,26
0,45	0,41	0,01	0,68	0,15	0,34		0,13	0,51	0,46	0,99	0,43
0,01	0,89	0,74	0,37	0,69	0,28	0,62		0,33	0,56	0,78	0,93
0,82	0,05	0,44	0,83	0,37	0,34	0,79	0,89		0,79	0,43	0,68
0,44	0,35	0,93	0,5	0,86	0,53	0,95	0,19	0,22		0,49	0,21
0,61	0,81	0,46	0,7	0,85	0,72	0,52	0,29	0,57	0,6		0,83
0,79	0,01	0,41	0,42	0,59	0,3	0,88	0,66	0,76	0,05	0,64	

Figura 5.5: Matriz de demandas para a rede de 12 nós.

	AW			TWA-*sl*					
G	L	W	S	L	W	S	t	Cap	I
1	1	1	032	1	1	013*	016	35	0
2	2	2	052	1	1	027	031	10	0
3	3	3	078	2	2	066	176	04	2
4	4	4	104	2	2	074	070	03	0
5	4	4	130	3	3	108	133	02	2
6	5	5	147	3	3	091	003	02	0

Tabela 5.4: Resultados para a rede de 12 nós. *: Solução Ótima.

Um detalhe importante é que, para a primeira instância da rede de 12 nós ($G = 1$), o SCIP também foi capaz de provar a otimalidade para a primeira solução viável. Isto demonstra que o modelo TWA mantém desempenho aceitável mesmo com uma rede de maior porte. Com esses resultados mostramos a viabilidade do procedimento de solução conjunta dos problemas VTD e RWA, que é totalmente baseada no modelo apresentado neste trabalho.

5.3 O Modelo KS

Para os resultados publicados em (KRISHNASWAMY; SIVARAJAN, 2001), é feita uma modelagem MILP que minimiza congestionamento em redes sem conversores de comprimentos de onda. Similar ao que foi feito para o TWA, em (KRISHNASWAMY; SIVARAJAN, 2001) é apresentada uma forma básica para o modelo, com possibilidade de adaptação para diversos casos de uso. Descrever todas essas configurações está fora do escopo deste trabalho. Aqui será tratado apenas da particular formulação utilizada para produzir os resultados do exemplo prático apresentados naquele artigo. Essa formulação será aqui chamada de KS-p.

Reproduzimos nesta seção a formulação matemática para o KS-p. Este é um modelo de programação linear inteira mista, que combina variáveis reais e variáveis discretas. Ele modela os quatro subproblemas do projeto de uma WRON. Adotaremos aqui o índice r, tal como foi definido na Notação 2 (Seção 3.3), para enumerar múltiplas ligações lógicas. A topologia física é considerada conhecida, como para o modelo AW, sendo passada como parâmetro. Além disso, é suposto que ela seja bidirecional e sem multiplicidade. Os demais dados de entrada seguem as definições adotadas pelo TWA, e são resumidos a seguir.

Dados 7. *Uma instância para o modelo KS-p é definida por:*

1. N = *Número de nós da rede.*

2. W = *Máximo de comprimentos de onda em uma ligação física.*

3. R = *Máxima multiplicidade de ligação lógica.*

4. P_{sd} = *Demanda de tráfego, com origem s e destino d.*

5. DD_{mn} = *ligação física bidirecional entre o par (m,n).*

6. $Gout_v$ = *Grau Lógico de saída do nó v.*

7. Gin_v = *Grau Lógico de entrada do nó v.*

5.2. *Variáveis do modelo KS-p:*

1. $b_{ijr} \in \{0,1\}$, indica a existência (1) ou não (0) da ligação lógica (i,j) de índice r.

2. $C_{ij}^{wr} \in \{0,1\}$, indica se b_{ijr} usa o comprimento de onda w.

3. $C_{mnij}^{wr} \in \{0,1\}$, indica se C_{ij}^{wr} passa pela ligação física (m,n).

4. $\lambda_{ijr}^{s} \in \mathbb{R}^{+}$, é quantidade de tráfego fluindo de uma fonte s passando por b_{ijr}.

5. $\lambda_{ijr} \in \mathbb{R}^{+}$, tráfego total em b_{ijr}.

6. $\lambda_{max} \in \mathbb{R}^{+}$, congestionamento da rede.

Função Objetivo

- Congestionamento:

$$\text{Minimize:} \quad \lambda_{max} \tag{5.3.1}$$

Restrições

- Distribuição do tráfego:

$$\lambda_{ijr}^{s} \leqslant b_{ijr} \cdot A_{s}, \quad \forall (i,j,r,s) \tag{5.3.2}$$

- Rotas Físicas

$$C_{mnij}^{wr} \leqslant C_{ij}^{wr}, \quad \forall (i,j,w,r,m,n) \tag{5.3.3}$$

$$\sum_{ijr} C_{mnij}^{wr} \leqslant 1, \quad \forall (w,m,n) \tag{5.3.4}$$

- Alocação de Comprimento de Onda:

$$\sum_{w} C_{ij}^{wr} = b_{ijr}, \quad \forall (i,j,r) \tag{5.3.5}$$

- Conservação das Rotas sobre a Topologia Física:

$$\forall (i,j,r,n), \quad \sum_{mw} C_{mnij}^{wr} \cdot DD_{mn} - \sum_{mw} C_{nmij}^{wr} \cdot DD_{nm} = \begin{cases} b_{ijr}, & n=j \\ -b_{ijr}, & n=i \\ 0, & \text{caso contrário} \end{cases} \tag{5.3.6}$$

- Conservação de Fluxo:

$$\forall (s,i), \quad \sum_{jr} \lambda_{ijr}^s - \sum_{jr} \lambda_{jir}^s = \begin{cases} A_s, & s = i \\ -P_{si}, & \text{caso contrário} \end{cases} \quad (5.3.7)$$

- Congestionamento:

$$\lambda_{ijr} = \sum_s \lambda_{ijr}^s, \quad \forall (i,j,r) \quad (5.3.8)$$

$$\lambda_{ijr} \leqslant \lambda_{max}, \quad \forall (i,j,r) \quad (5.3.9)$$

- Grau lógico:

$$\sum_{jr} b_{ijr} = Gout_i, \quad \forall i \quad (5.3.10)$$

$$\sum_{ir} b_{ijr} = Gin_j, \quad \forall j \quad (5.3.11)$$

5.3.1 Comparação entre os Modelos KS-p e TWA

Apesar de fazer a distribuição do tráfego de forma agregada, no modelo KS-p essa técnica não foi aplicada ao roteamento de comprimentos de onda. Semelhante ao modelo AW, são definidas três variáveis diferentes para as ligações lógicas, roteamento e alocação de comprimentos de onda. Mas no modelo KS-p, conseguiu-se uma modelagem mais concisa, em comparação com o AW, ainda sem possuir as limitações presentes no TWA. Ele possui as mesmas vantagens que o AW em relação ao TWA, pois a distribuição do tráfego e configuração da rotas são explícitas.

Em relação ao AW, o modelo KS-p ainda tem a vantagem de permitir multiplicidade de ligações lógicas. Todavia, não foi prevista em (KRISHNASWAMY; SIVARAJAN, 2001) a possibilidade da topologia física ser uma das variáveis do problema. O artigo indica como poderia ser adicionado suporte à multiplicidade de ligações físicas, modificando o modelo básico KS, mas seria necessário modicar e adicionar, tanto restrições quanto variáveis.

O relacionamento entre a topologia física e as rotas físicas é feito sob um diferente ponto de vista no TWA. No modelo KS-p, é a Restrição 2.3.3 quem cuida da conservação da rotas físicas, construindo caminhos sobre a topologia física. No TWA, a conservação dos percursos é feita separadamente (Restrição 2.3.2), dando mais autonomia aos componentes topológicos. Pois eles é quem definem a topologia física (Seção 2.3.3) se esta for variável, ou serão apenas limitados por ela pontualmente (Seção 3.1). Ao combinar a adequação à topologia física e a conservação de rotas em uma mesma restrição (Restrição 5.3.6), o modelo KS-p não permite considerar a topologia física como variável, sem deixar de ser linear. Na relação a seguir são comparados paralelamente os modelos KS-p e TWA, em termos de funcionalidade.

- As variáveis de 5.2.1 a 5.2.3 correspondem ao componente topológico do TWA, definido na Variável 2.1.1;

- A variável 5.2.4 corresponde à fração de tráfego agregado, Variável 2.1.2;

- As Restrições de 5.3.2 a 5.3.6 correspondem a Restrição 2.3.2, de continuidade de comprimentos de onda, mas aqui a topologia física é envolvida na conservação dos percursos;

- A Restrição 5.3.6 se assemelha a Restrição 2.3.3, de controle da topologia física, no sentido de limitação dos componentes topológicos, como foi comentado na Seção 3.1;

- A Restrição 5.3.7 corresponde as restrições de conservação de fluxo 2.3.4 e 2.3.5;

- O controle do congestionamento e grau lógico equivale ao que foi feito nas Seções 3.3 e 3.2, respectivamente;

Na tabela 5.5 estão resumidos os dados a cerca do número de variáveis binárias, de variáveis reais e do número equações no modelo KS-p. Eles são apresentados em notação assintótica e em valores absolutos. Para fins de comparação, vale relembrar neste ponto que o modelo KS-p não suporta multiplicidade de ligações físicas, além de considerar a topologia física como um dado de entrada. O fator R, máxima multiplicidade de uma ligação lógica, apenas influencia na contagem de variáveis e equações do TWA no contexto da Seção 3.3.1, para minimização do congestionamento sem perda de multiplicidade de ligações lógicas.

Métrica	Equações	Reais	Binárias
Custo Assintótico	$\Theta(N^4WR)$	$\Theta(N^3R)$	$\Theta(N^4WR)$
Valores Absolutos	$N^4WR+2N^3R+N^2(W+3R)+2N$	N^3R+N^2R	N^4WR+N^2RW

Tabela 5.5: Número de variáveis binárias, reais e equações no modelo KS-p.

5.3.2 Metodologia Baseada no Modelo KS-p

Em (KRISHNASWAMY; SIVARAJAN, 2001) foram feitos testes para uma rede de 14 nós, a mesma que será estuda na seção seguinte (RAMASWAMI; SIVARAJAN, 1996). O objetivo central, para cada grau lógico, é minimizar o congestionamento utilizando o menor número de comprimentos de onda possível. Segundo os autores, a formulação KS-p não é computacionalmente tratável para este caso, o que justificou a proposição de um método heurístico. Ele consiste na aplicação da heurística LPLDA (RAMASWAMI; SIVARAJAN, 1996), seguida de dois algoritmos de arredondamento, finalizando com um algoritmo de coloração de grafos (CORMEN et al., 2002). Introduzida em (RAMASWAMI; SIVARAJAN, 1996), mesmo trabalho de origem da HLDA, a heurística LPLDA é baseada em um método iterativo para construção de limitantes inferiores para o congestionamento (ILB - *Iterative Lower Bound*), descrito a seguir.

O ILB consiste em substituir a Restrição 5.3.9, do modelo KS-p, pela Restrição 5.3.12 a seguir, onde $\lambda_{max}^{LB_0}$ é qualquer limitante inferior (LB) para λ_{max}, podendo ser zero. Em seguida são relaxadas as variáveis inteiras, permitindo assumir qualquer valor entre o máximo e o mínimo de seu domínio. Por exemplo, uma variável binária tem domínio $\{0,1\}$, relaxando-a da forma indicada ela poderá assumir qualquer valor real entre 0 e 1. Deste modo, o modelo MILP se torna um LP (*linear problem*). A Restrição 5.3.12 não influencia no modelo MILP, mas no relaxado sim, forçando que o ótimo da versão LP seja maior ou igual à $\lambda_{max}^{LB_0}$. Como o ótimo de uma versão relaxada é menor ou igual ao ótimo do modelo de minimização original (REEVES, 1993), segue que o ótimo da versão relaxada é também um limitante inferior para λ_{max}. Assim, denotando o ótimo do modelo relaxado por $\lambda_{max}^{LB_1}$ e substituindo $\lambda_{max}^{LB_0}$ por ele em 5.3.12, será produzido um novo LB, que pode ser chamado de $\lambda_{max}^{LB_2}$. Deste modo, iterativamente pode-se ir melhorando o LB original, o que constitui o método interativo.

Restrição

- Plano de Corte para o Congestionamento:

$$\lambda_{max} \geqslant \lambda_{ijr} + \lambda_{max}^{LB_0} \cdot (1 - b_{ijr}), \quad \forall (i,j,r) \qquad (5.3.12)$$

O LPLDA consiste de aplicar um algoritmo de arredondamento às ligações lógicas (b_{ijr}), na solução da última iteração do ILB. Este é iterado 25 vezes, valor suficiente para se convergir o LB satisfatoriamente, conforme foi determinado em (RAMASWAMI; SIVARAJAN, 1996). Resumidamente, as variáveis relaxadas são ordenadas pelo valor obtido para cada uma. Então, seguindo essa ordenação, elas são arredondadas para os valores inteiros mais próximos, preservando grau lógico. Determinada a topologia lógica, o tráfego é roteado utilizando somente as restrições relacionadas ao tráfego no MILP: Restrições de 5.3.7 a 5.3.9, mas a Restrição 5.3.2.

Após aplicar o LPLDA, são utilizados outros dois algoritmos de arredondamento, similares ao que é usado no LPLDA, mas aplicados às variáveis C_{ij}^{wr} e C_{mnij}^{wr}, nessa ordem. Para as variáveis C_{ij}^{wr}, para cada $b_{ijr} = 1$, o algoritmo arredonda para 1 a maior delas anulando as demais. Assim é associado o comprimento de onda à ligação lógica b_{ijr}. As variáveis C_{mnij}^{wr}, para cada $C_{ij}^{wr} = 1$, são arredondadas para 1 se formam um caminho que atenda à C_{ij}^{wr}, anulando as demais. O caminho é construído a partir de i, sempre pegando a variável C_{mnij}^{wr} de maior valor.

Os algoritmos utilizados para arredondar as variáveis C_{ij}^{wr} e C_{mnij}^{wr}, não verificam se há duas rotas físicas utilizando o mesmo comprimento de onda em uma determinada ligação física. Essa situação é chamada de colisão de comprimentos de onda (*wavelength clash*). Para corrigir possíveis colisões, o método utilizado em (KRISHNASWAMY; SIVARAJAN, 2001) é finalizado com a aplicação de uma algoritmo de coloração de grafos de caminhos (REEVES, 1993), que refaz a alocação de comprimentos de onda. Maiores detalhes sobre este último algoritmo podem ser vistos no artigo (YOO, 1996), dos mesmos autores.

Nos resultados que foram produzidos, a topologia física e a matriz de demandas utilizadas são da rede de 14 nós também utilizada em (RAMASWAMI; SIVARAJAN, 1996). Como para o modelo AW, as instâncias neste caso também são definidas pelo grau lógico G. Para definir uma instância do modelo KS-p, resta definir W e R. Para os resultados produzidos em (KRISHNASWAMY; SIVARAJAN, 2001), não foi utilizada multiplicidade de ligações lógicas, ou seja, $R = 1$.

Para aplicar o ILB, dependendo do valor de W, o modelo relaxado pode não ser solúvel. Então é determinado o valor mínimo de W, de modo que o modelo relaxado não seja insolúvel, realizando no conjunto de possíveis valores de W uma busca binária (CORMEN et al., 2002), com número de passos logarítmico. Sendo que o menor valor possível para W é 1 (sem multiplexação) e o valor máximo é $N^2 - N$, o número de combinações (i, j) possíveis, sem multiplicidade. Onde cada ligação lógica teria seu próprio comprimento de onda. Essa busca binária é feita testando os valores de W no modelo relaxado. Estabelecido o W mínimo para determinado G, nos graus lógicos superiores os mínimos são maiores ou iguais a esse, como foi comentado na Seção 5.2. Portanto, realizando os testes do menor grau lógico para o maior, a busca pelo W mínimo não é refeita do início.

Na fase final deste método, quando a alocação de comprimentos de onda é refeita, o algoritmo de coloração de grafos de caminhos não é impedido de ultrapassar o W minimo, estabelecido acima. Todo o procedimento é resumido a seguir. Para cada instância, ele é executado para do menor grau lógico para o maior.

1. Encontra o W mínimo para o G atual;

2. Executa 25 iterações do ILB;

3. Arredonda os maiores b_{ijr} para 1 e os menores para 0, preservando grau lógico;

4. Distribui o tráfego na topologia lógica, obtendo o congestionamento;

5. Arredonda os maiores C_{ij}^{wr} para 1 se $b_{ijr} = 1$, e o restante para 0;

6. Arredonda para 1 o caminho dos maiores C_{mnij}^{wr}, com $C_{ij}^{wr} = 1$, anulando os demais;

7. Refaz a alocação de comprimentos de onda, podendo ultrapassar o W mínimo;

Nos resultados para a modelagem KS-p, cada otimização do modelo relaxado levou em média 5 minutos. Além das 25 iterações do ILB, o modelo relaxado também foi usado para determinar o W mínimo em cada instância. Em cada uma destas, as heurísticas aplicadas subsequentemente ao ILB levaram menos de um minuto.

Em (KRISHNASWAMY; SIVARAJAN, 2001), o procedimento proposto foi executado para valores de W maiores que o mínimo, para obter melhores soluções para o congestionamento. A otimalidade, quanto ao congestionamento, só pôde ser garantida nesses resultados quando o valor viável encontrado era igual ao *lower bound* obtido. Esses resultados foram produzidos em um computador IBM 43P/RS6000 com a *IBM's Optimization Subroutine Library (OSL)*.

5.4 Comparação de Resultados com o modelo KS

Nesta seção serão apresentados resultados produzidos utilizando o modelo TWA, que serão comparados com os encontrados em (KRISHNASWAMY; SIVARAJAN, 2001), nos quais utilizou-se o modelo KS-p descrito na seção anterior. As duas abordagens serão comparadas em termos do esforço computacional e da qualidade das soluções quanto às métricas de interesse. São elas: o número de comprimentos de onda disponíveis em cada ligação física (W); o grau lógico da rede (G); e o congestionamento.

A Figura 5.6 trás a topologia física da rede NSFNET, na qual são baseados os testes em (KRISHNASWAMY; SIVARAJAN, 2001). Nas Figuras 5.7 e 5.8, respectivamente, estão as matrizes de demandas $P1$ e $P2$ da NSFNET (RAMASWAMI; SIVARAJAN; SASAKI, 2009). Já na Tabela 5.6 estão as distâncias entre os nós da topologia física da NSFNET, em centenas de milhas.

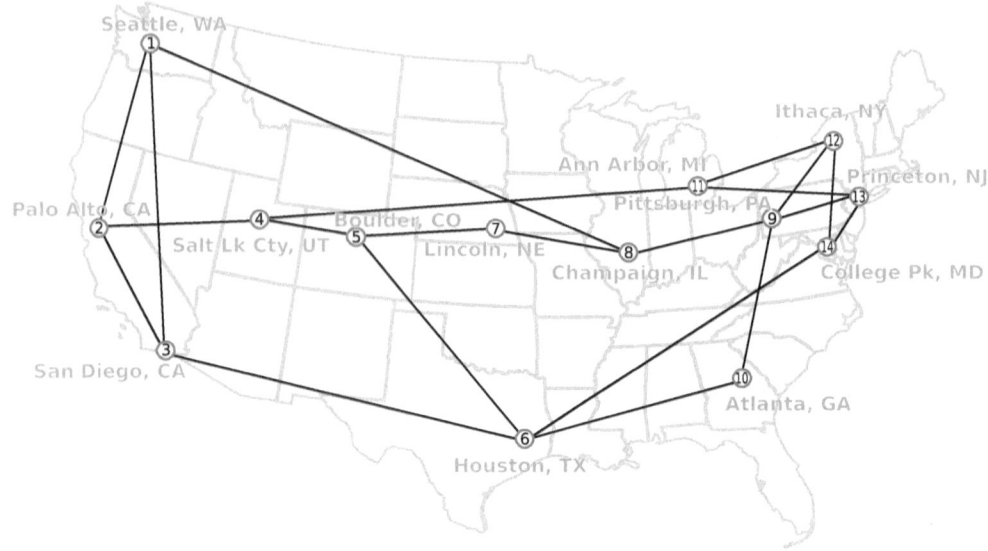

Figura 5.6: Rede Física de 14 nós da NSFNET.

O computador onde foram executados os experimentos desta seção possui a seguinte configuração: *desktop PC*; executando o sistema operacional *GNU/Linux Kubuntu*, versão 9.04 32*bits*; equipada com processador *Intel Pentium*®4 3.00GHz de 2 núcleos, com 2048KB de *cache* e 1.5GB de RAM.

0.000	33.029	32.103	26.008	0.525	0.383	82.633	31.992	37.147	0.568	0.358	0.544	0.651	0.160
0.546	0.000	0.984	0.902	0.866	0.840	0.013	62.464	0.475	0.001	0.342	0.925	0.656	0.501
35.377	0.459	0.000	0.732	0.272	0.413	28.242	0.648	0.909	0.991	56.150	23.617	1.584	0.935
0.739	0.225	0.296	0.000	0.896	0.344	0.012	84.644	0.293	0.208	0.755	0.106	0.902	0.715
0.482	96.806	0.672	51.204	0.000	0.451	0.979	0.814	0.225	0.694	0.504	0.704	0.431	0.333
0.456	0.707	0.626	0.152	0.109	0.000	0.804	0.476	0.429	0.853	0.280	0.322	90.503	0.212
0.042	0.067	0.683	0.862	0.197	0.831	0.000	0.585	67.649	56.138	0.896	0.858	73.721	0.582
0.616	0.640	0.096	97.431	0.308	0.441	0.299	0.000	0.161	0.490	0.321	0.638	82.231	0.376
0.786	0.323	0.676	0.359	0.019	50.127	12.129	0.650	0.000	0.483	45.223	58.164	0.894	0.613
0.037	0.318	0.367	2.981	0.976	0.629	0.525	0.293	0.641	0.000	33.922	0.228	0.995	71.905
12.609	0.479	0.146	0.174	0.181	0.072	23.080	0.671	0.634	0.759	0.000	0.725	0.592	0.445
0.887	0.004	1.614	0.471	0.120	0.263	0.585	0.086	0.157	95.633	42.828	0.000	0.527	0.021
9.019	0.569	0.936	0.975	81.779	0.573	0.738	0.410	0.490	0.948	0.154	0.145	0.000	0.436
20.442	0.515	0.719	0.089	39.269	49.984	0.720	0.863	0.858	0.490	0.106	0.765	0.059	0.000

Figura 5.7: Matriz de demandas $P1$ (RAMASWAMI; SIVARAJAN, 1996).

Para produzir resultados passíveis de comparação, são acrescentadas à modelagem básica do TWA, mostrada na Seção 2, as restrições de controle do grau lógico (Restrição 3.2). Como nos testes feitos em (KRISHNASWAMY; SIVARAJAN, 2001) não é permitida multiplicidade de ligações lógicas, também será adotada a restrição de limitação de multiplicidade 3.2.3 da Seção 3.2, com $Ml = 1$, retirando do TWA a capacidade de lidar com múltiplas ligações lógicas.

5.4 Comparação de Resultados com o modelo KS

0.000	1.090	2.060	0.140	0.450	0.040	0.430	1.450	0.510	0.100	0.070	0.080	0.000	0.330
11.710	0.000	8.560	0.620	11.120	7.770	3.620	15.790	3.660	16.610	2.030	37.810	4.830	13.190
0.000	0.000	0.000	0.000	0.000	0.000	0.000	0.000	0.000	0.000	0.000	0.000	0.000	0.000
0.310	3.410	13.64	0.000	1.900	0.600	0.700	2.880	2.000	3.260	3.070	6.690	0.080	4.010
0.280	67.510	19.02	3.430	0.000	4.030	10.77	62.22	24.02	17.92	0.450	79.03	9.970	5.290
0.000	5.810	3.420	5.520	3.400	0.000	2.610	2.680	0.870	3.870	0.040	0.840	0.060	2.480
1.750	22.02	102.31	4.470	22.03	7.900	0.000	114.1	19.82	21.95	0.780	71.40	0.330	32.84
2.390	63.84	210.30	8.520	28.210	2.660	97.08	0.000	43.95	33.00	11.37	48.63	5.530	13.85
6.450	18.93	37.35	6.000	24.99	6.810	25.06	61.02	0.000	39.62	14.52	127.5	23.34	0.760
0.050	35.29	10.26	3.730	22.34	9.480	4.980	57.08	6.840	0.000	6.300	17.64	5.910	0.760
0.100	1.020	3.130	1.690	0.240	0.060	0.810	1.450	0.580	7.120	0.000	0.840	0.060	0.500
1.280	26.15	1.000	5.940	24.86	1.320	5.490	40.57	29.53	22.37	10.50	0.000	1.010	0.540
0.000	0.000	0.000	0.000	0.000	0.000	0.000	0.000	0.000	0.000	0.000	0.000	0.000	0.000
0.730	29.09	13.63	9.890	35.61	12.07	6.440	28.79	4.670	0.000	3.990	0.000	10.750	0.000

Figura 5.8: Matriz de demandas $P2$ (RAMASWAMI; SIVARAJAN, 1996).

Tabela 5.6: Matriz de distâncias para a NSFNET, em centenas de milhas.

0	7	10	7	10	19	13	16	21	21	19	22	24	22
7	0	4	5	9	16	14	18	22	21	20	24	25	21
10	4	0	6	8	12	13	17	21	19	19	23	24	19
7	5	6	0	4	12	8	12	17	16	13	18	19	16
10	9	8	4	0	8	4	9	13	12	11	15	16	12
19	16	12	12	8	0	8	8	11	7	11	14	14	12
13	14	13	8	4	8	0	5	9	8	7	10	11	8
16	18	17	12	9	8	5	0	5	5	3	6	7	5
21	22	21	17	13	11	9	5	0	5	2	2	2	5
21	21	19	16	12	7	8	5	5	0	6	7	7	6
19	20	19	13	11	11	7	3	2	6	0	4	5	6
22	24	23	18	15	14	10	6	2	7	4	0	2	5
24	25	24	19	16	14	11	7	2	7	5	2	0	1
22	21	19	16	12	12	8	5	5	6	6	5	1	0

Permitindo assim avaliar o TWA sobre as mesmas hipóteses utilizadas com o modelo KS-p.

Da mesma forma que no modelo KS-p, também será utilizado o congestionamento como função objetivo, por isso será necessária também a Restrição 3.3.10. Como aqui é feito controle do grau lógico, é aplicável o limitante inferior para o congestionamento MTB, demonstrado no Capítulo 4. Neste caso, ele pode ser calculado pela fórmula do Lema 1, que por sua simplicidade, pôde ser escrita em AMPL e incluída diretamente na definição da Variável 5.4.3, abaixo.

Como os resultados em (KRISHNASWAMY; SIVARAJAN, 2001) foram produzidos para topologias físicas sem multiplicidade, será adotado $K = 1$. Portanto, a definição dos componentes topológicos é modificada, deixando de ser uma variável inteira, passando a ser binária, pois agora compõem uma topologia física sem multiplicidade. Como limitação de capacidade (Cap) foram usados os limitantes superiores (UB - *upper bounds*) obtidos em (KRISHNASWAMY;

SIVARAJAN, 2001), denotados por λ_{max}^{UB}. Esta formulação específica, apresentada a seguir, é denominada de TWA-λ_{max}.

Dados 8. *Uma instância para o modelo TWA-λ_{max} é definida por:*

1. N = *Número de nós da rede.*

2. W = *Máximo de comprimentos de onda em uma ligação física.*

3. G = *Grau lógico da rede.*

4. $Cap = \lambda_{max}^{UB}$, *capacidade de tráfego de cada ligação lógica.*

5. P_{sd} = *Demanda de tráfego, com origem s e destino d.*

6. D_{mn} = *Ligação Física, com origem m e destino n, com $D_{mn} = D_{nm}$.*

7. $A_s = \sum_d P_{sd}$ = *Tráfego agregado pela origem s.*

8. $Q_{sd} = P_{sd}/A_s$ = *Fração de A_s correspondente à Demanda de tráfego P_{sd}.*

Variável 5.4.1 (Versão sem multiplicidade física). *Seja $B_{iw}^{mn} \in \{0,1\}$, com $i \neq n$, um componente do conjunto das ligações lógicas com origem i e comprimento de onda w, que utilizam a ligação física (m,n).*

Variável 5.4.2. *Seja $q_{sw}^{ij} \in [0,1]$ a fração do fluxo originado em s, passando pelas ligações lógicas entre o par (i,j) com comprimento de onda w, onde $s \neq j$.*

Variável 5.4.3. λ_{max} = *Congestionamento, tráfego na ligação lógica mais carregada da rede, com $\lambda_{max} \geq MTB$.*

Função Objetivo

- Congestionamento

$$\text{Minimize:} \quad \lambda_{max} \tag{5.4.1}$$

Restrições

- Congestionamento:

$$\lambda_{max} \geq \sum_{sw} q_{sw}^{ij} \cdot A_s, \quad \forall (i,j) \tag{5.4.2}$$

5.4 Comparação de Resultados com o modelo KS

- Continuidade de Comprimentos de Onda e Capacidade:

$$\sum_s q_{sw}^{iv} \cdot A_s \leqslant \lambda_{max}^{UB} \cdot \left(\sum_m B_{iw}^{mv} - \sum_n B_{iw}^{vn} \right), \quad \forall (i,v,w), \text{ com } i \neq v \qquad (5.4.3)$$

- Topologia Física:

$$\sum_i B_{iw}^{mn} \leqslant D_{mn}, \quad \forall (m,n,w) \qquad (5.4.4)$$

- Conservação de Fluxo:

$$\sum_{jw} q_{vw}^{vj} = 1, \quad \forall v \qquad (5.4.5)$$

$$\sum_{iw} q_{sw}^{iv} - \sum_{jw} q_{sw}^{vj} = Q_{sv}, \quad \forall (s,v), \text{ com } s \neq v \qquad (5.4.6)$$

- Controle do Grau lógico:

$$\sum_{wn} B_{vw}^{vn} \leqslant G, \quad \forall v \qquad (5.4.7)$$

$$\sum_{iwm} B_{iw}^{mv} - \sum_{iwn} B_{iw}^{vn} \leqslant G, \quad \forall v, i \neq v \qquad (5.4.8)$$

- Limitação de Multiplicidade de Ligações Lógicas:

$$\sum_{wm} B_{iw}^{mv} - \sum_{wn} B_{iw}^{vn} \leqslant 1, \quad \forall (i,v), i \neq v \qquad (5.4.9)$$

Assim como foi feito para produzir os resultados em (KRISHNASWAMY; SIVARAJAN, 2001), aqui as instâncias são definidas pelo grau lógico. A estratégia adotada para produzir resultados com o modelo TWA-λ_{max} consiste apenas em executar as instâncias do modelo com o SCIP, até que seja encontrada a primeira solução viável, sem recorrer a heurísticas. Semelhante ao que foi feito nas testes da Seção 5.2, configurando as instâncias com valores aceitáveis para as métricas de interesse, de modo que, qualquer solução viável encontrada fosse satisfatória. Para cada grau lógico, o interesse aqui, como em (KRISHNASWAMY; SIVARAJAN, 2001), é minimizar o congestionamento utilizando o menor número possível de comprimentos de onda.

Em (KRISHNASWAMY; SIVARAJAN, 2001), os valores viáveis e *lower bounds* produzidos para o congestionamento já são bastante próximos. Portanto, esses valores viáveis são bons *upper bounds*, e foram usados como tal na restrição de limitação de capacidade do TWA-λ_{max} (Restrição 5.4.3).

Como *lower bound* foi usado o MTB, conforme foi comentado no início da seção. Dada a forma trivial como é feita a determinação do MTB, o tempo gasto para determiná-lo para cada instância é inferior à 0.01 segundos. Portanto foi desconsiderado na contagem de tempo do método.

Definidos UBs para o congestionamento, há uma valor mínimo para W de modo que a instância não seja insolúvel. Este mínimo é encontrado testando valores no modelo TWA-λ_{max} com o SCIP, a parir de 1, incrementando até encontrá-lo. Mas, como foi comentado na seção anterior, encontrado o W mínimo para um de terminado G, nos graus lógicos superiores a G o W mínimo será maior ou igual. Portanto, procurando o mínimo do menor grau lógico para o maior, a busca não precisará ser feita do começo. Além disso, assim como para o modelo TWA-*sl*, o SCIP foi capaz de identificar as instâncias insolúveis em menos de um segundo em cada tentativa. Portanto esse tempo de busca do W mínimo também será desconsiderado. Deste modo, como será visto a seguir, ao se procurar o W mínimo de cada instância, ocorreu no máximo uma tentativa sem sucesso.

A seguir é detalhado o procedimento usado para criar resultados com o modelo TWA-λ_{max}.

1. A parir de $G = 1$, com $MTB \leqslant \lambda_{max} \leqslant \lambda_{max}^{UB}$, procura-se pelo W mínimo a partir de 1, testando esses valores no modelo TWA-λ_{max} com o SCIP.

2. O SCIP é executado para cada valor de W, até que retorne que a instância é insolúvel, ou é interrompido quando encontra uma solução viável.

3. Se o W atual é inviável, ele é incrementado, e uma nova tentativa é feita.

4. Se o W atual é viável, a solução é registrada, G é incrementado e passa-se a procurar o W mínimo para $G + 1$ a partir do valor atual.

Nas Tabelas 5.8 e 5.9 são confrontados os resultados obtidos com o TWA-λ_{max} e os encontrados em (KRISHNASWAMY; SIVARAJAN, 2001), para o modelo KS-*p*. As legendas utilizadas nessas tabelas são descritas na Tabela 5.7. Quando o valor de congestionamento corresponde ao ótimo da instância, ele é marcado com um asterisco.

Para ambas as matrizes de demanda da NSFNET, foram obtidos melhores resultados com o TWA-λ_{max}, em comparação com os resultados para o modelo KS-*p*, tanto para o valor de congestionamento quanto para o número de comprimentos de onda utilizados. Com exceção do

5.4 Comparação de Resultados com o modelo KS

Tabela 5.7: Legendas para as Tabelas 5.8 e 5.9.

Sigla	Significado
G	Grau Lógico
KS-p	Resultados obtidos em (KRISHNASWAMY; SIVARAJAN, 2001)
TWA-λ_{max}	Resultados do método aqui proposto
W	Mínimo viável para o número de comprimentos de onda
LB	Lower Bound para o congestionamento obtido para o KS-p
UB	Upper Bound para o congestionamento obtido para o KS-p
MTB	Minimum Trafic Bound
MILP	Resultados obtidos pelo SCIP para o TWA-λ_{max}
T	Tempo em minutos gasto com o SCIP

grau lógico 11 para a matriz $P1$, onde o valor de congestionamento obtido é um pouco superior ao UB. Além disso, foram obtidas soluções ótimas para 70% das instâncias com o TWA-λ_{max}, contra 37% dos resultados para o modelo KS. Em 62% das instâncias, o MTB equivale ao ótimo. E mesmo quando o MTB não corresponde ao ótimo, no pior caso, o MTB ficou menos de 5% abaixo do UB.

Tabela 5.8: Resultados para a matriz $P1$. * Ótimo alcançado.

$P1$	KS-p			TWA-λ_{max}			
G	W	LB	UB	W	MTB	MILP	$T_{(m)}$
2	4	126.74	145.74	2	126.87	143.66	451
3	4	84.58	*84.58	3	84.58	*84.58	221
4	4	63.43	70.02	3	63.44	69.17	8
5	5	50.74	50.94	4	50.75	50.82	225
6	6	42.29	44.39	4	42.29	43.54	24
7	6	36.25	36.43	5	36.25	*36.25	65
8	7	31.72	31.77	6	31.72	*31.72	102
9	9	28.19	28.37	7	28.19	*28.19	131
10	9	25.37	25.64	8	25.37	25.53	72
11	11	23.00	23.08	9	23.07	23.31	200
12	12	21.27	21.39	11	21.14	21.35	140
13	13	20.24	20.25	13	19.52	*20.25	16

Outro fato importante é qualidade alcançada pelo MTB em todas as instâncias, se comparado ao *lower bound* obtido em (KRISHNASWAMY; SIVARAJAN, 2001), pois foi calculado em menos de 0.01 segundos. Esse é um resultado expressivo, frente aos 125 minutos, em média, gastos com o método iterativo.

Nas Tabelas 5.8 e 5.9, os resultados retirados de (KRISHNASWAMY; SIVARAJAN, 2001), são aqueles que produziram o melhor valor para o congestionamento. Como foi comentado na

Tabela 5.9: Resultados para a matriz P2. * Ótimo alcançado.

P2	KS-p			TWA-λ_{max}			
G	W	LB	UB	W	MTB	MILP	$T_{(m)}$
2	2	284.26	389.93	1	284.66	*292.31	152
3	4	189.76	217.80	2	189.78	*189.78	4.4
4	3	142.33	152.99	2	142.33	*142.33	2
5	4	113.87	*113.87	3	113.87	*113.87	4
6	5	94.89	*94.89	3	94.89	*94.89	3.9
7	6	81.33	*81.33	4	81.33	*81.33	4.3
8	6	71.17	*71.17	4	71.17	*71.17	6.8
9	9	62.15	63.26	5	63.26	*63.26	20.9
10	10	56.93	*56.93	6	56.93	*56.93	20.1
11	10	51.75	*51.75	6	51.75	*51.75	23.2
12	13	47.44	*47.44	7	47.44	*47.44	23.1
13	13	43.79	*43.79	7	43.79	*43.79	14.8

seção anterior, o valor de W utilizado nesses resultados pode não ser o mínimo. E de fato não são, pois em todos os casos foram obtidos melhores valores para W com o TWA-λ_{max}. Além disso, dado o método utilizado para produzir estes resultados, o W utilizado sempre é o mínimo para o UB adotado.

O tempo demandado pelo SCIP para obter os resultados aqui apresentados são altos, se comparados ao desempenho de heurísticas para determinar topologia lógicas encontradas na literatura (KRISHNASWAMY; SIVARAJAN, 2001; SKORIN-KAPOV; KOS, 2005). Todavia, esses resultados evidenciam a eficiência do modelo TWA, pois, seu reduzido número de variáveis e equações possibilitou obter soluções melhores, sem que para isso fosse necessário recorrer a heurísticas.

6 Conclusões

Uma formulação MILP foi apresentada para o projeto de redes ópticas com roteamento por comprimento de onda, englobando as restrições dos problemas VTD e RWA. Esta formulação é mais abrangente que as apresentadas na literatura e os resultados obtidos mostram, por comparação com modelos anteriormente propostos, que possui a vantagem de ser mais tratável.

6.1 Características do Modelo

Para garantir uma complexidade computacional equivalente a de modelos que englobam apenas os problemas VTD e RWA separadamente, a principal consideração que a formulação faz é a utilização dos componentes topológicos. Estas variáveis agregam implicitamente funcionalidades de variáveis distintas das formulações anteriormente propostas. Além da simplificação proporcionada pelas propriedades dos componentes topológicos, os modelos foram representados na forma agregada, no que diz respeito à distribuição do tráfego e ao roteamento dos canais ópticos, assim como em outros modelos da literatura (RAMASWAMI; SIVARAJAN; SASAKI, 2009; TORNATORE; MAIER; PATTAVINA, 2007b).

O modelo foi apresentado inicialmente em uma forma básica, contendo as restrições e variáveis consideradas essenciais para a resolução do projeto completo, que engloba a escolha da topologia física, definição da topologia lógica, distribuição de tráfego, definição das rotas físicas e alocação dos comprimentos de onda. Nessa modelagem básica, a função objetivo adotada foi a minimização dos custos de operação e instalação da rede.

Dada a forma agregada como é feito o roteamento dos comprimentos de onda e também pela forma implícita do tratamento de múltiplas ligações lógicas, sem separá-las em variáveis de decisão próprias, algumas questões de menor complexidade não são decididas pelo TWA. Na solução provida pelo modelo, são alocados recursos suficiente para atender ao projeto, da forma mais econômica possível. Mas nem todos os detalhes da configuração da rede são determinados. A principal limitação é que pode haver mais de uma maneira de se configurar as rotas físicas determinadas pelo modelo e, consequentemente, o mesmo se aplica a distribuição do tráfego.

Os modelos encontrados na literatura, com funcionalidades semelhantes ao TWA, possuem uma maior ordem de grandeza do número de variáveis binárias. Conforme os princípios da otimização combinatorial, este é um importante fator para se avaliar o quão tratável é um modelo (REEVES, 1993).

Para comparação, considerando o caso da topologia física não possuir multiplicidade de ligações físicas, tanto o modelo encontrado em (ASSIS; WALDMAN, 2004), como o modelo encontrado em (KRISHNASWAMY; SIVARAJAN, 2001) têm número de variáveis binárias da ordem de $\Theta(N^4 \cdot W)$. Mas isso sem suportar multiplicidade de ligações lógicas e considerando a topologia física como uma dado de entrada do modelo. Ou seja, a topologia física deve ser conhecida *a priori*, não fazendo parte do procedimento de projeto da rede óptica proposto por estes autores. Já o TWA, nesse cenário, é capaz de resolver também a topologia física da rede, com número de variáveis binárias da ordem de $\Theta(N^3 \cdot W)$, e ainda suportando multiplicidade de ligações lógicas.

6.2 Resultados Computacionais

Para validar experimentalmente a formulação, foram realizados testes comparativos com os resultados apresentados em (ASSIS; WALDMAN, 2004) e (KRISHNASWAMY; SIVARAJAN, 2001), nos quais as redes consideradas possuem 6, 12 e 14 nós. Os resultados obtidos indicam vantagens na utilização do modelo proposto neste trabalho, com relação à qualidade das soluções e ao desempenho computacional.

Foi possível provar a otimalidade já na primeira solução viável encontrada, para todas as instâncias da rede de 6 nós e em uma das instâncias da rede de 12 nós. Além disso, em todas as instâncias foram obtidos melhores resultados para os parâmetros controlados, em relação aos resultados confrontados.

Para a rede de 6 nós, em média, foi obtida uma redução de 43% no número de comprimentos de onda necessário e 34% no número de saltos físicos. Mesmo não provando a otimalidade para todas as instâncias da rede de 12 nós, foi alcançado em média as mesmas porcentagens de melhoria do resultado conseguidas para a rede de 6 nós. Resta destacar que os resultados para a rede de 12 nós foram produzidos em 7.2 minutos, uma demanda de tempo pequena, se comparada às 6 horas requeridas pelo procedimento de solução que utilizou o modelo AW, com o qual foram comparados.

Para a rede de 14 nós foram feitos testes com duas matrizes de demandas de tráfegos, que são instâncias clássicas da literatura (RAMASWAMI; SIVARAJAN, 1996). Para ambas matrizes foram obtidos resultados melhores do que os encontrados na literatura para o congestionamento e número de comprimentos de onda (KRISHNASWAMY; SIVARAJAN, 2001). Além disso, para 70% das instâncias foram obtidas soluções ótimas. O tempo demandado para produzir estes últimos resultados foi alto, em comparação ao desempenho das heurísticas utilizadas na literatura (SKORIN-KAPOV; KOS, 2005). Todavia deve-se ressaltar o fato de que não foram utilizadas heurísticas nem ferramentas comerciais nos experimentos realizados neste trabalho.

O novo *lower bound* para o congestionamento introduzido por este trabalho, o MTB, demostrou ser muito eficiente. A sua principal vantagem é possuir demanda de processamento computacional desprezível, com demanda de tempo da ordem de milissegundos. As técnicas conhecidas até então (RAMASWAMI; SIVARAJAN, 1996), podem exigir mais de 1 hora para se chegar a um resultado de qualidade semelhante (KRISHNASWAMY; SIVARAJAN, 2001). Nos testes realizados, na maioria das instâncias (62%) conseguiu-se provar a otimalidade graças ao MTB. Mesmo quando o MTB não correspondeu ao ótimo, no pior caso, ele ficou menos de 5% abaixo do *upper bound*.

6.3 Trabalhos Futuros

A abrangência da modelagem e o desempenho computacional obtido viabilizam experimentar outras aplicações, utilizando as extensões à modelagem básica oferecidas neste texto. Dentre as que ainda não foram testadas, estão a minimização do número de comprimentos de onda e a possibilidade de conversão entre comprimentos de onda. Além disso, pelo fato do TWA permitir o controle de múltiplas métricas, as técnicas aqui empregadas nos experimentos computacionais podem ser modificadas, para aplicação em várias situações.

Outra aplicação possível seria na proteção de rotas (TORNATORE; MAIER; PATTAVINA, 2007a). De fato, duas rotas físicas entre um dado par de nós, em um mesmo plano lógico, necessariamente são disjuntas em relação às ligações físicas. Ao se exigir que a multiplicidade por plano lógico (Seção 3.2) das ligações lógicas existentes seja maior que um, haverá sempre mais de uma rota física disjunta em cada plano lógico. Esta ideia pode ser o ponto partida para adicionar proteção de rotas ao modelo.

Trabalhos futuros poderiam estudar a possibilidade de integrar ao TWA restrições da camada física, buscando garantir a viabilidade dos enlaces fornecidos como solução pelo modelo. Seria também interessante modelar o dimensionamento dos equipamentos dos nós da rede, adicionando seu custo à função objetivo do modelo básico.

6.3 Trabalhos Futuros

O TWA poderia ser aplicado também no planejamento de ampliações de redes já existentes, ou contratação de malhas físicas, onde parte das variáveis do modelo seriam fixadas. Entretanto, por se tratar de redes já em operação, precisariam ser traçadas estratégias de reconfiguração que não bloqueassem os serviços em atividade.

Como o TWA já trata a distribuição de tráfego diretamente sobre a alocação de comprimentos de onda, outra aplicação a ser estudada seria o *Grooming* de tráfego (RESENDO; RIBEIRO; CALMON, 2007). Onde os comprimentos de onda seriam divididos em sub-canais, mas sem bifurcação das demandas de tráfego.

O TWA dá uma nova visão do projeto de WRONs, mais simplificada. Essa estrutura poderia ser aplicada em heurísticas, visando gerar algoritmos de maior desempenho. Neste contexto, um fator importante é a geração de soluções aleatórias, que pode se tornar mais eficiente sendo baseada no TWA, devido ao seu reduzido número de variáveis e restrições.

Enfim, as possibilidades desta nova modelagem ainda foram pouco exploradas. Todavia, pelo que foi aqui exposto, essa abordagem de projeto completo se mostra promissora.

Referências Bibliográficas

AGRAWAL, G. P. *Fiber-Optic Communication Systems*. 3. ed. New York: Wiley, 2002.

ALI, M. *Transmission Efficient Design and Management of Wavelength Routed Optical Networks*. Dordredht, Netherlands: Springer, 2001. (Kluwer international, v. 637).

ALMEIDA, R. T. et al. Design of virtual topologies for large optical networks through an efficient MILP formulation. *Optical Switching and Networking*, v. 3, n. 1, p. 2 – 10, 2006.

ASSIS, K. D. R.; WALDMAN, H. Topologia virtual e topologia física de redes Ópticas: Uma proposta de projeto integrado. *Revista da Sociedade Brasileira de Telecomunicações*, v. 19, n. 2, p. 119–126, 2004. Rio de Janeiro.

BANERJEE, A. et al. Generalized multiprotocol label switching: an overview of routing and management enhancements. *Communications Magazine, IEEE*, v. 39, n. 1, p. 144 –150, jan. 2001.

BANERJEE, D.; MUKHERJEE, B. Wavelength-routed optical networks: linear formulation, resource budgeting tradeoffs, and a reconfiguration study. *IEEE/ACM Trans. Netw.*, IEEE Press, Piscataway, NJ, USA, v. 8, n. 5, p. 598–607, 2000. ISSN 1063-6692.

CORMEN, T. H. et al. *Algoritmos*: Teoria e Prática. 2. ed. São Paulo: Elsevier, 2002.

JAUMARD, B.; MEYER, C.; THIONGANE, B. Comparison of ilp formulations for the rwa problem. *Les Cahiers du GERAD*, v. 66, 2004. ISSN 0711-2440. G-2004-66.

KRISHNASWAMY, R.; SIVARAJAN, K. Design of logical topologies: a linear formulation for wavelength-routed optical networks with no wavelength changers. *Networking, IEEE/ACM Transactions on*, v. 9, n. 2, p. 186–198, abr. 2001.

LIU, Q. et al. Distributed inter-domain lightpath provisioning in the presence of wavelength conversion. *Computer Communications*, v. 30, n. 18, p. 3662 – 3675, 2007. Optical Networking: Systems and Protocols.

MUKHERJEE, B. *Optical WDM networks*. Davis, CA - USA: Birkhäuser, 2006. (Optical networks series).

MUKHERJEE, B. et al. Some principles for designing a wide-area WDM optical network. *Networking, IEEE/ACM Transactions on*, v. 4, n. 5, p. 684–696, out. 1996.

NETTO, P. O. B. *Grafos*: Teoria, modelos, algoritmos. 4. ed. São Paulo: Editora Edgard Blücher, 2006.

PALMIERI, F. F. Gmpls control plane services in the next-generation optical internet. *The Internet Protocol Journal*, v. 11, n. 3, p. 2–18, set. 2008.

PUECH, N.; KURI, J.; GAGNAIRE, M. Topological Design and Lightpath Routing in WDM Mesh Networks: A combined approach. *Photonic Network Communications*, Springer Netherlands, v. 4, n. 3, p. 443–456, 2002.

RAMAMURTHY, B. et al. Transparent vs. opaque vs. translucent wavelength routed optical networks. In: *Optical Fiber Communication Conference*. San Diego, CA , USA: OFC/IOOC, 1999. v. 1, p. 59–61.

RAMASWAMI, R.; SASAKI, G. Multiwavelength optical networks with limited wavelength conversion. *Networking, IEEE/ACM Transactions on*, v. 6, n. 6, p. 744 –754, dez. 1998.

RAMASWAMI, R.; SIVARAJAN, K. Design of logical topologies for wavelength-routed optical networks. *Selected Areas in Communications, IEEE Journal on*, v. 14, n. 5, p. 840 –851, jun. 1996.

RAMASWAMI, R.; SIVARAJAN, K. N.; SASAKI, G. H. *Optical Networks*: a practical perspective. 3. ed. San Francisco: Morgan Kaufmann, 2009. (The Morgan Kaufmann series in networking).

REEVES, C. R. *Modern heuristic techniques for combinatorial problems*. New York, NY, USA: John Wiley & Sons, Inc., 1993. ISBN 0-470-22079-1.

RESENDO, L. C.; RIBEIRO, M. R. N.; CALMON, L. de C. Efficient grooming-oriented heuristic solutions for multi-layer mesh networks. *Journal of Microwaves and Optoelectronics*, v. 6, n. 1, p. 263–277, jun. 2007. Brazilian Microwave and Optoelectronics Society (SBMO).

SKORIN-KAPOV, N.; KOS, M. Heuristic Algorithms Considering Various Objectives for Virtual Topology Design in WDM Optical Networks. In: *International Conference on Telecommunication Systems, Modeling and Analysis*. Dallas, TX: ICTSM, 2005.

STERN, T. E.; ELLINAS, G.; BALA, K. *Multiwavelength Optical Networks: Architectures, Design, and Control*. New York, NY, USA: Cambridge University Press, 2008.

TORNATORE, M.; MAIER, G.; PATTAVINA, A. Variable Aggregation in the ILP Design of WDM Networks with Dedicated Protection. *IEEE/KICS Journal of Communications and Networks, Vol.9, No. 4, pp. 419-427, Dec. 2007*, v. 9, n. 4, p. 419–427, dez. 2007.

TORNATORE, M.; MAIER, G.; PATTAVINA, A. WDM Network Design by ILP Models Based on Flow Aggregation. *Networking, IEEE/ACM Transactions on*, v. 15, n. 3, p. 709 –720, jun. 2007.

XIN, Y.; ROUSKAS, G. N.; PERROS, H. G. On the physical and logical topology design of large-scale optical networks. *Lightwave Technology, Journal of*, v. 21, n. 4, p. 904–915, abr. 2003.

YOO, S. Wavelength conversion technologies for WDM network applications. *Lightwave Technology, Journal of*, v. 14, n. 6, p. 955 –966, jun. 1996.

ZANG, H.; JUE, J. P.; MUKHERJEE, B. A Review of Routing and Wavelength Assignment Approaches for Wavelength Routed Optical WDM Networks. *Optical Networks Magazine*, SPIE/Baltzer Science Publishers, v. 1, p. 47–60, jan. 2000.

Publicações

Relação da produção científica do autor desta dissertação.

Artigos completos publicados em periódicos

LIMA, M. O.; LIMA, F. O.; OLIVEIRA, E.; SEGATTO, M. E. V. Um Algoritmo Híbrido para o Planejamento de Redes Ópticas. *Revista Eletrônica de Iniciação Científica*. Sociedade Brasileira de Computação, v. 4, p. 4: REIC, 2006.

Trabalhos completos publicados em anais de congressos

LIMA, F. O.; LIMA, M. O.; SEGATTO, M. E. V.; ALMEIDA, R. T. R. Projeto Completo Redes Ópticas. *In: 14º Simpósio Brasileiro de Microondas e Optoeletrônica*. Vitória, ES: MOMAG, 2010.

LIMA, M. O.; LIMA, F. O.; SEGATTO, M. E. V.; ALMEIDA, R. T. R.; OLIVEIRA, E. Projeto Completo de Redes Ópticas em Hierarquia. *In: 14º Simpósio Brasileiro de Microondas e Optoeletrônica*. Vitória, ES: MOMAG, 2010.

LIMA, F. O.; LIMA, M. O.; SEGATTO, M. E. V.; ALMEIDA, R. T. R.; OLIVEIRA, E. Um modelo eficiente para o projeto completo de redes ópticas. *In: XLI Simpósio Brasileiro de Pesquisa Operacional*. Porto Seguro, BA: SBPO, 2009.

LIMA, F. O.; LIMA, M. O.; OLIVEIRA, E.; SEGATTO, M. E. V. Reformulando o Problema de Projeto de Anéis em Redes Ópticas. *In: 4th International Information and Telecommunication Technologies Symposium*. Florianópolis, SC: I2TS, 2005.

SEGATTO, M. E. V.; OLIVEIRA, E.; LIMA, M. O.; LIMA, F. O.; ALMEIDA, R. T. R. Hybrid approaches for the design of mesh and hierarchical ring optical networks. *In: Photonics Europe*, v. 1. Strasbourg, Fr: SPIE, 2006.

CIARELLI, P. M.; LIMA, F. O.; OLIVEIRA, E. The Automation of the Classification of Economic Activities from Free Text Descriptions using an Array Architecture of Probabilistic Neural Network. *In: VIII Simpósio Brasileiro de Automação Inteligente*. Florianópolis, SC: SBAI,

2007.

LUCHI, D.; ALMEIDA, R. T. R.; ROSA, G. G.; SIMOES, S. N.; LIMA, F. O. Projetos de topologias lógicas e roteamento de tráfego em redes ópticas. *In: II Jornada Nacional da Produção Científica em Educação Profissional e Tecnológica*. São Luís, MA: 2007.

FERNANDES, G. C.; ALMEIDA, R. T. R.; ROSA, G. G.; LIMA, F. O. Análise de Aplicabilidade de uma Formulação de Programação Linear Mista para Otimização da Transparência de Redes Ópticas. *In: II Jornada Nacional da Produção Científica em Educação Profissional e Tecnológica*. São Luís, MA: 2007.

Resumos publicados em anais de congressos

LIMA, F. O.; OLIVEIRA, E.; SEGATTO, M. E. V.; ALMEIDA, R. T. R. Um Estudo Empírico da Eficiência de Heurísticas na Otimização do Congestionamento em Redes Ópticas. *In: XXXIX Simpósio Brasileiro de Pesquisa Operacional*. Fortaleza, CE: SBPO, 2007.

CIARELLI, P. M.; LIMA, F. O.; OLIVEIRA, E. Using a Genetic Algorithm for Configuring a Set of Probabilistic Neural NetworksH. *In: XXXIX Simpósio Brasileiro de Pesquisa Operacional*. Fortaleza, CE: SBPO, 2007.

LIMA, F. O.; LIMA, M. O.; OLIVEIRA, E.; SEGATTO, M. E. V. O Problema de Projeto de Anéis em Redes Ópticas via Algoritmos para TSP. *In: XXXVIII Simpósio Brasileiro de Pesquisa Operacional*. Goiânia, GO: SBPO, 2006.

Ferramentas Computacionais

As ferramentas computacionais envolvidas neste trabalho, listadas abaixo, são distribuídas sob licenças de Código Livre (*Open Source*). O código fonte LaTeX desta dissertação e todo o trabalho desenvolvido está disponível em http://code.google.com/p/twa.

Todas as figuras incluídas neste texto foram criadas em SVG (*Scalable Vectorial Graphics* - http://w3.org/Graphics/SVG) e convertidas para o formato EPS (*Encapsulated PostScript* - http://adobe.com/products/postscript) para posterior inclusão no código LaTeX, ambos formatos abertos. A Figura 5.6, criada pelo autor deste texto, está registrada em http://wikimedia.org/wiki/File:NSFNET_14nodes.svg.

- Kubuntu GNU/Linux: a versão 9.10 foi usada na estação de trabalho e a versão 9.04 no servidor aonde foram executados os testes computacionais. http://kubuntu.org

- GLPK 4.37 - *GNU Linear Programming Kit*: usado para resolver modelos de programação linear e converter código AMPL em FreeMPS. http://gnu.org/software/glpk

- SCIP - *Solving Constraint Integer Programs*, versão 1.1.0 Linux X86: usado para resolver os modelos de programação interira mista. http://scip.zib.de

- CLP 1.11 - *Coin-or Linear Programming*: usado internamente pelo SCIP para resolver subproblemas de programação linear. http://coin-or.org

- TexLive 2007: distribuição LaTeX utilizada para a confecção desta dissertação. http://tug.org/texlive

- Kile 2.0.83: editor de texto com ferramentas para autoria em LaTeX utilizado. http://kile.sourceforge.net

- Inkscape 0.47: editor de desenho vetorial utilizado para criar as figuras SVG e convertê-las em EPS. http://inkscape.org

Feito em
LaTeX

Agradecimentos

Aos meus orientadores, pela oportunidade e pelos ensinamentos.

Aos meus familiares e amigos, por toda ajuda e apoio.

Aos desenvolvedores dos *softwares* livres que utilizei.

Ao poder de síntese.

Dedico esta dissertação à minha esposa e ao meu filho

www.ingramcontent.com/pod-product-compliance
Lightning Source LLC
Chambersburg PA
CBHW031441210526
45464CB00005B/2285